西方哲理译丛●

Sigmund Freud

〔奥〕弗洛伊德——著

赵辰——译

梦的解析

金城出版社
GOLD WALL PRESS
·北京·

图书在版编目（CIP）数据

梦的解析 /（奥）弗洛伊德（Sigmund Freud）著；
赵辰译．—北京：金城出版社，2019.4
书名原文：The Interpretation of Dreams
ISBN 978－7－5155－1756－8

Ⅰ．①梦… Ⅱ．①弗… ②赵… Ⅲ．①梦－精神分析
Ⅳ．①B845.1

中国版本图书馆 CIP 数据核字（2018）第 254296 号

梦的解析

著　　者　［奥］弗洛伊德
译　　者　赵　辰
责任编辑　李凯丽
开　　本　660 毫米×940 毫米　1/16
印　　张　15.5
字　　数　179 千字
版　　次　2019 年 4 月第 1 版
印　　次　2019 年 4 月第 1 次印刷
印　　刷　三河市双峰印刷装订有限公司
书　　号　ISBN 978－7－5155－1756－8
定　　价　39.80 元

出版发行　**金城出版社**　北京市朝阳区利泽东二路 3 号
　　　　　　邮编：100102
发 行 部　（010）84254364
编 辑 部　（010）84250838
总 编 室　（010）64228516
网　　址　http://www.jccb.com.cn
电子邮箱　jinchengchuban@163.com
法律顾问　北京市安理律师事务所　（电话）18911105819

第一版序

我试着在这本书里讲解“梦的解析”，我确信这么做不会逾越神经病理学的范畴。因为人们通过心理学的研究表明：梦是许多病态心理的首要体现，比如强迫性的思维、无根的妄想、歇斯底里的恐慌等等。它们都属于病态的心理。从这一点来说，医生们很重视梦对心理的影响。尽管梦不会给人们留下实际的后遗症，但从其理论价值来看，它的重要性还是非比寻常的。作为一名医生，如果不能解释病人梦中意象的根由，就不可能知道什么是强迫症、妄想症以及恐慌症，也就不能有效地为病人治疗。

这里还要说明的是，本书中有许多无法完全被顾及之处，这也正是形成本论题的重要原因，即书中常有有始无终的线索使我的论述不得不中断。这些丢失的线索的数目不比关于梦的形成与那些比较容易了解的病态心理之间的关联点少。对于这些问题，我在本书里就不打算继续讨论了。但是如果时间和精力都允许，再加上资料的不断充足完备，我将在日后对这些问题进行陆续的探讨。

本书难以表述的另一个原因是，本论题所选用的资料是极其特殊的。在本书的写作过程中，那些与本主题有关的文献中刊载的或出处不明的梦都不能当作研究的资料。我只选择我自己的以及我的那些心理病人的梦。但是，由于病人的梦往往存在神经质的特征，这使他们的梦的形成过程变得非常杂乱，很多这样的梦例我也不会采用。可是，如果我完全用自己的梦，这就会暴露出我许多的精神生活中的隐私（这不是我所愿意告之别人的）。而且，这种自暴隐私的做法是不会出现在任何一个学者而非诗人的作品中的。这样做尽管对我本人而言是非常痛苦的，但我又无法回避，否则我将失去这些梦在心理学的研究过程中所提供的证据与价值。这样一来，我就会以删节或是替代的方式来避免我的一些轻率的行为。如果这种情况出现，这些梦的价值就会明显降低。总之，我希望读者们从我的立场上考虑一下我的无奈与困难，原谅我的这种做法。还有一点，如果我所论述的梦影射到谁，请准许我在梦中可以成为一个完全自由的人，可以有自由的思想。

弗洛伊德（1900 年）

译 序

西格蒙德·弗洛伊德（Sigmund Freud，1856～1939），奥地利精神病医生，精神分析学派创始人。弗洛伊德在四岁的时候，就随家从摩拉维亚迁至维也纳定居。在中学时代，他显示出非凡的智慧，成绩始终名列前茅。17 岁时，弗洛伊德考入维也纳大学医学系。从 1876 年到 1881 年，在著名生理学家艾内斯特·布吕克的指导下，他开始从事研究工作。

1881 年，弗洛伊德获得医学博士学位，同年开设私人诊所，并担任临床神经专科医生。1886 年，弗洛伊德与马莎·伯莱斯结婚，生养了三个儿子和三个女儿。他的女儿 A. 弗洛伊德继承了他的事业，也成为著名的心理学家。二战期间，由于德国纳粹党的迫害，弗洛伊德于 1938 年迁居至英国的伦敦，并于次年 12 月 23 日，因口腔癌在伦敦逝世。

弗洛伊德的母亲是他父亲的第二个妻子。他是母亲所生的六个孩子中的长子，由于从小聪明懂事，故深得母亲的宠爱，这使他们之间建立起一种相当深厚而强有力的依恋关系。母亲常表扬他、宠爱他。

与此相反的是，父亲并不宠爱他，甚至有时对他表现得非常冷漠和粗暴。父亲的这种态度正好与母亲形成鲜明的对比，导致弗洛伊德在很小的时候，就对父亲产生了潜在的叛逆心理。

对母亲的依恋和对父亲的逆反这两种截然相反的情感，在很大程度上影响了他后来的生活和思想。心理学家弗洛姆评价弗洛伊德时曾说："他对父亲的反叛情感已经成为影响其个性的一个重要因素。一般人都认为弗洛伊德是一个叛逆者，但他仅仅是一个反叛者，却与革命者挂不上钩……他尽管反对现存的权威，但是却希望他自己成为权威，让别人服从他……他根本不愿丧失掉自己对权威本身的依赖和仰慕。他反抗的主要目标就是那些不认同其权威的人们，而他自己选择的权威，他必定与之和睦相处，特别是当他成为其中的一员时。"

但无论如何，弗洛伊德的成就仍是无可非议的。他是精神分析学的创始人，对精神分析充满了满腔的热情。他对精神分析的浓厚兴趣形成于1884年与J·布洛伊尔的合作，当时他们合作治疗了一个名叫安娜·欧的年仅21岁的癔病患者。首先，他从布洛伊尔那里学习了宣泄疗法，后来又向沙可学习了催眠术，随后提出了自由联想的治疗方法，并于1897年创建了自我分析法。弗氏对心理学的最重大的贡献在于，他揭示了人类的无意识过程，提出了人格结构理论、人类的性本能理论以及心理防御机制理论。

弗洛伊德认为绝大多数被抑制的欲望都与性有关，而精神病的根本原因也是由于性的扰乱。他把自己的观点加以归结，从而形成了一个具有独见性的全新的精神理论。另外，他把这一理论与哲学、社会学、宗教以及文化等领域相结合，由此创建了一套复杂、宏大的思想体系。1897年，他把自己作为研究对象并进行了艰苦的自我分析，从而提出了恋母情结（俄狄浦斯情结）。但值得说明的是，弗洛伊德的理论以生物学为基础，否定了人性历史、社会因素和文化因素对人格发展的作用和影响。这也导致了一些精神分析学者对他的理论进行了批判性的继承和发展，从而形成了各种精神分析学派的分裂和创立。起初崇拜他的A·阿德勒和C. G. 荣格就是在反对他的“性觉理论”的基础上先后另立门户。

1909年，弗洛伊德应邀参加了美国克拉克大学的周年校庆活动，并发表了主题为精神分析的演讲，由此可见他那时已经名声显赫。1930年，他被授予歌德奖金；1936年被任命为英国皇家学会通讯会员。

弗洛伊德的主要著作有：《歇斯底里研究》（1895）、《梦的解析》（1900）、《性学三论》（1905）、《论无意识》（1915）、《自我与本我》（1923）、《焦虑问题》（1926）、《自我和防御机制》（1936）等。

此次从弗洛伊德著作中选定的《梦的解析》，较为全面地体现了弗洛伊德的精神分析理论。书中以大量实际的梦阐释了他的理论，并对梦的来源、梦的选材以及梦的运作过程等问题进行了深入细致的论述。

此外，《梦的解析》还探讨了关于精神方面的许多问题，说明了精神与梦之间的关系。从本书里，我们还可以了解到病态精神及其起源的相关知识。

当然，原著亦有不足之处：有一些关于理学方面的理论，属于医学范畴，面较窄；有一些内容由于缺乏连贯性和用词晦涩——这给一般读者阅读此书带来一定的困难，译者考虑到原来出版过的中文译本多是全译本，再对此书进行全译大可不必，故在翻译手中的译文版本之前，先将原版本中的部分段落进行了适当的删节，再做翻译工作。目的就是为了使读者可以比较容易地理解“弗氏”的理论以及他的这本传世之作。

由于译者的水平有限，此译本难免会有露怯之处，还望读者批评指正。

译　者

目 录

第一章 梦是愿望的实现

第一节 梦的解析方法 / 3

第二节 梦的本质 / 19

第三节 梦的改装 / 25

第二章 梦的材料与来源

第一节 梦中材料的最近原则和琐事原则 / 46

第二节 梦的儿时经历来源 / 48

第三节 梦的身体方面来源 / 57

第四节 几种典型的梦 / 70

一、令人难堪的裸体梦 / 70

二、亲人之死的梦 / 74

三、考试的梦　/ 83

四、其他的典型梦例　/ 84

第三章　梦的运作

第一节　凝缩作用　/ 88

第二节　移植作用　/ 97

第三节　梦的表现方式　/ 100

第四节　梦材料的表现力　/ 117

第五节　梦的象征问题及更多的典型梦例　/ 122

第六节　关于算术和演说的梦　/ 143

第七节　荒谬的梦——梦里的理智活动　/ 151

第八节　梦中的情感　/ 172

第九节　再度纠正　/ 188

第四章　梦过程的心理

第一节　梦的遗忘　/ 196

第二节　退后现象　/ 207

第三节　愿望的实现　/ 212

第四节　从梦里惊醒——梦的功能——焦虑梦　/ 219

第五节　原本系统和续发系统——抑制　/ 227

第六节　意识和潜意识——现实　/ 234

第一章　梦是愿望的实现

在本书里，我将要论述一下利用心理技能对梦进行解析的可行性，并以此来说明所有的梦都具有特殊的意义，与做梦者的日间精神活动有着密切的联系。

史前的原始人类对梦的认识很大的程度上影响了他们对世界和心智的看法。迄今为止，那些源自原始社会的有关梦的观点，仍然是那些为数众多的循规蹈矩者评价梦时的重要影响因素。他们认为梦与某种超人世界存在着紧密的联系并对此深信不疑，所有的梦都是他们信奉的神灵所给予的启发和暗示。因此，梦会对梦者产生一种特殊的作用，即梦可以预示将来。梦的内容所呈现出来的丰富多彩及其给梦者本人留下的特殊印象，使人们无法形成一种系统的统一看法，因此他们以个别的梦的价值和可靠程度对之进行分类和归纳。所以，那些远古的哲学家们对梦所持的观点是建立在其个人对普通人文观点差异性的基础之上的。

亚里士多德在其两部著作中都提到了梦，认为梦是关于心理方面的问题，梦并不是神灵的谕旨，而是某种剩余精力的产物。这里所说的“剩余精力”，并不是说梦具有超自然的性质，而是为人们精神力量所制约的法则。当然，对某些人来说，它或多或少地与神灵存在着某些联系。梦是一种精神活动，它是由梦者本人的睡眠深浅程度产生的。

亚里士多德曾提出梦的某些特征，举例来说就是，梦可以把睡眠中细小的知觉变换成一种强烈的感官刺激（“一个睡眠中的人，当他感觉到身体的某个部位比较温暖时，他就有可能梦到自己正在步入火堆之中”），由此他作出推断，梦可以把患者起初不易发现的症状轻松地告诉医生（希腊医生希波克拉底在其著作里就论述了梦与疾病的关系）。

读者们可以由此看出亚里士多德之前的学者们并不认为梦是一种精神活动，而是一味地坚持梦源于神灵的存在。所以，自古以来关于梦始终有两种相互冲突的观点，古人们曾尝试着将梦分为两大类，一类是具有价值的真正的梦，它可以向梦者发出警告或预言；另一类则是毫无价值的、空洞乏味的梦，这类梦只能带来迷惑或引诱。

在科学问世之前，人们对梦的观点是由于古人对宇宙整体的认识形成的，他们习惯地把自身的精神活动映射于现实以外的实在。另外，他们看到的只是日间清醒后遗留下来的梦相，如果把这方面的记忆与其他的精神内容相比，自然会显得异常陌生而且非比寻常，似乎来自另一个世界。但我们切不可认为现在仍把梦视为一种超自然力量的理论已经不复存在了。今天仍然有一些离奇怪诞的神话和小说的拥护者，他们依然维护着他们所信仰的那已被科学的飓风刮得残缺破烂的神灵论。一些社会中的优秀人物，尽管他们在别的方面抵制出格的情感用事，但在宗教信仰的问题上，依然相信这无法作出解释的梦确实源于神灵的力量。某些哲学家谢林①的追随者也对自古流传下来的

① Schelling（1775～1854年），德国自然哲学家。

神灵对梦进行启示的观点深信不疑，他们也仍然无法抹去梦的预卜功能。

想将关于梦的科学认识的历史作一番整理，确实是一件困难之极的事情，因为某些研究在某一时段中确实具有不可低估的价值，但直到今天也无法在某一特定的方向取得真正的发展，不能使学者们按照前面已经证实了的结果继续深入探索下去。相反，每一位新作者总是不得不对同一问题重新展开研究，而且仍然无法解开这些谜团。如果让我按年月的顺序把这些作者们各自不同的观点列举出来，我将很难精确地说明我们目前对这个问题的看法。所以，我将按照他们各自的学说的内容进行分别的论述，而不是按照作者来分类；我还要根据手边所整理出来的材料，列举出种种不同的有关梦的问题来认识各式各样的解析。

由于这些材料过于分散而很难查找，我只好要求读者们不要过于挑剔我目前所做的工作，毕竟我已竭尽全力地避免遗漏掉任何基础性的事实和重要观点。

第一节　梦的解析方法

从本能的推断来看，每一个梦都有各自的某种含义，这种含义是非常隐蔽的。做梦时，这种难以理解的隐匿意义一定替代了我们的某种思想过程，如果我们可以以正确方式揭示这种替代物，就可以发现特定梦的隐藏含义。

民间一直都在寻找着可以“解析”梦的方法，经过人们的努力，它出现了两种完全不同的方法。第一种方法是把梦的全部内容看作一个整体，用另外一种相似的、易于理解的内容来替代它，进行梦的解析。这是一种“象征性”的释梦方法，它利用了“相关”原则，在一些情况下也确实很实用。

第二种方法与第一种完全不同。它是把梦视为一系列的密码组合，每一个密码均可以按照密码本“翻译”成一个特定的意义，然后利用这些翻译后的密码来重新解释梦的含义。因此，这种方法也叫“解码法”。本书中我所使用的方法完全不同于上述的两种方法。我主要是根据做梦者本人的联想，也就是根据某一个特殊的梦境使梦者联想到的内容，循序渐进地进行探讨研究。

我不使用民间的那两种方法是因为它们得出的结论是不可靠的。从科学的角度来看，“象征性”的释梦方法不可能为所有的梦找到合适的替代品。而使用“解码法”的决定性因素是对每个密码的“密钥”都必须准确无误，但事实上这些“密钥”并不完全可靠。

许多次，我不得不承认这些民间的释梦方法在某些情况下确实比科学的释梦方法更合乎情理。但是，我还要坚持我的观点：梦是具有某种意义的，而且运用科学的方法来解析梦是完全可能的。

我在精神分析的研究过程中，常常牵涉到“释梦”这个问题。我的病人在向我汇报他们对于某个观点的看法和意见的同时，也向我诉说了他们的梦。这就使我联想到：可以把梦作为某个病态心理与过去回忆之间的一个纽带，并把梦的本身也当成一种病症，通过梦的解析来挖掘症状的根源，从而治愈患者。

在精神分析的过程中，我发现人们在“自省”与“自察”时所表现的心理运作方式是完全不同的。“自省”是一种更为深刻的“自察”行为，所以人们在“自省”时需要集中自己全部的精神来进行深层的思考。而人们在“自察”时就不会像“自省”时那么深沉、严肃，反而会多一分安详与轻松。当然，人们进行这两种心理活动都需要集中自己的注意力。但不同的是，“自省”的人往往利用其批判力来杜绝心头杂念，也不让那些并不希望出现的念头在心中滋生发展。而“自察”的人正好相反——他会抑制自身的这种批判力。他做到这一点就可以使无数的想法进入到自己的意识里。通过这些并不被自我注意的资料，可以对那些病态的精神意念做出解释，同样也可以较为合理地解释有关梦的形成的相关问题。在这种精神状态下，其精神能量（流动注意力）的散布与人们在入睡前以及睡眠中的状态颇为相似。入睡前，思想中的批判功能减弱，使很多杂念涌上心头，从而改变了我们的精神意念。这种批判功能的减弱，往往是由困倦引起的，此时那些心头杂念也就相应变成了人们感知上的幻觉。在进行梦以及病态心理的分析中，那些幻觉的东西都被舍弃掉了，保留下来的只有全部或部分的精神能量，并以此来研究那些意识中产生的杂念究竟源自何种精神意念。（人们在入睡前，这种精神意念被幻觉所代替。但是人们在“自察”时这种精神意念并没有被任何事物所代替。这样一来，人们的心头杂念就变为具有某种象征意义的意念。）

从上面的论述来看，我解析梦的方法与传统的“象征性”释梦法有很大差异，但与“解码法”比较相似。我也认为梦是由很多心理因素积累起来的，可以对它进行分段的而非整体的分析研究。

我的目的只在于找到一种方法——以梦的解析来处理心理病患者在心理上的许多问题。可是我知道的大部分梦例都是那些患有心理疾病的人的梦。我不使用这些梦例，就只好用一些我所认识的正常人偶然提及的梦以及一些在“梦生活”的文献中提及的梦例。不幸的是：

这样的梦例我无法通过深刻的分析来寻求它们的真正意义。毕竟我的释梦方法不完全同于“解码法”——只要有一个密码本对照就万事大吉。同样的一个梦，在不同的人、不同的背景下，我认为它会有不同的意义。因此，我只能选用我本人的梦——一个近乎正常人的梦，对这些梦的解析不但丰富、取用方便，还能够与日常的生活建立起较为清晰的联系。为此我就得考虑自我分析的真实性和可靠性问题，当然，我不否认在分析自我时可能出现的不确定性，但是我始终认为观察自己要比观察别人更贴切、更真实。另外我还能看看自己通过这种方法可以完成多少关于“梦的解析”的工作。从我自身来讲，仍有许多困难需要克服。我们每个人都不想暴露出自己细微的精神生活，另外还会担心别人由此而对自己产生误解。可是就有这么一个人必须放弃这些顾虑。德尔贝夫曾经说过：“每一个心理学家必须有承认自己弱点的勇气，只要他认为这样做会有益于困难问题的解决。”在此，我相信，读者们会由于“梦的解析”所带来的乐趣而原谅我的轻率和无礼。

为了说明我的解析梦的方法，我将在这里以我本人的一个梦为例。因此，我希望读者们暂时把我个人的兴趣当作你们自己的兴趣，并且与我一起留意我生活上的一些琐屑之事。因为只有这样，才能够探寻出梦的隐秘含义。

在1895年的夏天，我用“精神分析”的方法治疗了一位女病人。她与我全家交往甚深，我非常担心如果我不能治好她将会影响我们之间的友谊，因此在治疗的过程中我感到非常棘手。但事与愿违，她的治疗过程并不很顺畅，我竭尽所能只能使她不再产生“歇斯底里的恐惧”，然而对于她生理上的一些病症我却无能为力。那时的我还没有确立癔症的治疗标准，我一向都认为还有更行之有效的方法。于是我提出了一个比较有效但患者难以接受的“治疗方案”，最后还是由于患者的拒绝而停止了治疗。

有一天，我的同事奥图医生去看望了这位患者伊玛及其乡居。奥图医生回来后我们聊了起来，我问起伊玛的情况，他回答说：“看上去是有所好转，但并不明显。”——话语里带有些许指责的意义。我觉得一定是那些从一开始就不相信我，并极力劝阻伊玛来找我看病的她的家属，在奥图医生面前对我进行了一番评论。我并不很介意这件尴尬事，也没有向别人提及我的不满。在那天晚上，我提笔把伊玛的全部疗程详尽地描述了一番，寄给了我的一位同事M医师——当时他可以称得上是这一领域的权威人士，我只是想让他指点一下我的治疗方案是否真的一无是处。就在当天夜里（或许是第二天的凌晨）我做了以下的梦，我醒来后立刻记录了下来。

1895年7月23~24日的梦

我在一个大堂里接待许多客人，伊玛也在其中，我走向她，不问青红皂白就指责她为何这么久也不能接受我的“方案”。我说：“如果至今你仍觉得痛苦，那是你的责任，与我无关！”她的回答却使我非常诧异，她说：“你不知道我最近十分难受，喉咙、腹部和胃都非常疼。”此时我才注意到她的肤色苍白，而且水肿。我暗自为我的治疗方案里忽略的一些地方感到忧虑。我把她带到窗前，想借着光亮检查一下她的咽喉。她就像镶着假牙的淑女一样极不情愿地把嘴张开——让我感到她厌烦这样的检查。最后在她右边的咽喉处，我发现了一大块白斑，同时我还发现在她的口腔里，还有许多小的灰白色的烂斑排列成菜花状，很像人们鼻子里的“鼻甲骨”。于是我急忙叫来M医师给她做一个检查，检查的结果与我的一样……今天的M医师不同于往日，脸色苍白、胡子刮得干干净净、走路有点瘸……当时我的朋友奥图也站在伊玛身旁，另一位叫里奥波德的朋友正在听诊她的胸部，最后说她“胸部的左下方有浊音”，同时还发现她左肩的皮肤有渗透性病灶（尽管隔着衣服，我们依然可以触摸到这个患处）……M医师认为：“这是由于感染引起的，不过并无大碍。服用一些泻药，就可以把这些毒素排泄出去……”但是我们每个人都清楚地知道这是怎么感染的——前些日子，奥图医生在为伊玛治病的时候给她注射了丙烷基（propyl）……丙酸酯（propylene）……丙酸尿（propionic acid）……三甲胺（trimethylamin），对于它的化学构造我看得非常清楚。事实上，在日常的治疗过程中我们是不会轻易地使用这类药物的，还有一点就是当时使用的注射器很可能是未经消毒的。

这个梦也许在许多地方都非常荒唐，但有一点可以肯定——那天白天所发生的事是这个梦的起因。读者们从上述内容中也许会发现一些线索：我从奥图那里听到了伊玛的病史、写信寄给M医师……这些情景在我入睡前始终在我心头萦绕，以致我做了这么一个离奇的梦。说句实话，这个梦的许多内容就连我本人也搞不清楚：伊玛的怪病产生的症候、注射丙酸尿、M医师慰藉的言辞等等，这些都叫我困惑不解。特别是后面的内容更是一闪而过，让我无法看透。下面，我将把这个梦分成几个部分，然后分步地、透彻地分析。

分析：

1.“我在一个大堂里接待许多客人。”当时我们正好在凯伦贝尔山[①]的贝勒福别墅里消夏，这座别墅原本是用来避暑的，所以它所有

---

① Kahlenbery，维也纳附近的一个避暑胜地。

的房间都很宽敞高大。做这个梦时正是我妻子生日的前一天，那天我的妻子与我商量生日晚会的安排情况，并列出了所邀客人的名单（伊玛也在其中）。所以，梦中的情景正如举行生日晚会一般。

2. “我指责伊玛不能接受我的治疗方案，并且说：‘如果至今你仍觉得痛苦，那是你的责任，与我无关！’”在我清醒的时候，我很可能说过类似的话语，因此我觉得这句话可能确实出自我口。当时，我认为我的工作是只要能找出患者们表面症状下掩盖的真正病因就万事大吉了（但从现在来看，这种想法是错误的）。如果患者不接受我采用的这些方法，我就无法治疗下去。因此梦里我对伊玛说的那席话，也只是想向她表明她的病不能痊愈并非是我一手造成的——这一点很有可能是这个梦的核心内容。

3. “伊玛说她喉咙、腹部和胃都非常地疼。”在起初伊玛找我看病时她就有胃疼病，但并不严重，只是胃酸想要呕吐而已；可是她的喉咙痛以及腹痛我却从未听她说过。不知为何在梦中，我会臆造出这样的症候来，直到今天我也不知道这其中的原因。

4. “她的肤色苍白，而且水肿。”事实上伊玛本人的面色始终是健康的，也许是在梦中的她被别人替换了。

5. “我暗自为我的治疗方案里忽略的一些地方感到忧虑。”大家都清楚治疗精神、心理疾病的医生们常常有一种警觉心理，会把一些器质性疾病权当癔症来诊治，而其他领域的医生也许只会把这些症状当作器官上的疾病来处理。所以，梦里的忧虑也许是由这种警觉引起的。但还有另外一种可能性：假设伊玛的病只是由器官功能上的疾病引起的，我所使用的针对癔症的治疗方案当然对她是无效的，我就不必为我的治疗方案的成败而斤斤计较。所以，在潜意识中，我也许会希望我把伊玛的病误诊为癔症了。

6. “我带伊玛到窗前检查她的咽喉，她像镶着假牙的淑女一样不肯开口，让我感到她厌烦这样的检查。”在我给伊玛看病的过程中，我从未检查过她的口腔。但这个梦中场面也许是我混淆了——从前有一个非常富有、外表似乎很年轻漂亮的女病人来找我看病，我要求她张开嘴，她就扭捏作态地掩饰着她嘴里的假牙。“她确实不需要这样的检查”，这句话从表面上是我在恭维伊玛。实际上，它有别的隐情。伊玛站在窗边的情景，也让我回想起另外一件事：某天我去看望了伊玛的一位好友，当时一位医生正在窗户旁边给她看病，而这个医生正是M医师。医师的检查结果也正如梦中的一样——在她的喉咙深处发现了类似白喉症状的黏膜。从上面的叙述中，M医师、白色的斑以及窗户都在我的梦中出现了。对于伊玛的这个朋友，我从一开始就认为她也患有癔症，我有此观点的原因是因为她确实经常歇斯底里地发疯，所以我的梦显然是把伊玛和她的这位朋友给混淆了。直到现在，我仍然记着伊玛的这位朋友，我甚至还希望她会来找我看病。但是我清楚地知道，她是一定不会这么做的，因为她属于那种保守型的女人，也许这一点正是梦中所提到的“不肯”。至于“她厌烦……”，我猜想很有可能说的是伊玛的朋友，因为她从不需要别人的帮助就能很好地生活。假牙可能是源自那个装腔作势的富婆，那么苍白和水肿是怎么来的呢？伊玛和她的朋友都没有这样的特征。于是，我又想起了一个人——某某女士。她不是我的病人，但我接触过她——一个面色苍白、脾气暴躁、对我非常不满的女人。有一回，她身体欠佳，全身都肿了起来。从这些人物可以看得出来，梦中的伊玛是这几个女人的复合体，而且她们都有一个共同点——都拒绝了我的治疗方案。那么我为什么会在梦里用这些人来替代伊玛呢？也许是我比较关心伊玛的那位朋友；也许是因为伊玛本人比较愚笨，不肯采纳我的方案。尽管别的女人也拒绝了我的治疗方案，但她们还是比较聪明的，很有可能重新评价我的方案，从而接受它。

7. “我发现了她喉头上的一大块白斑……同时还有许多小的灰白色的烂斑……像鼻甲骨一样。”白斑也许是伊玛的朋友所患的白喉；但也许是两年前我大女儿所患的绝症以及在那段日子里我们所经历的痛苦感受。“鼻甲骨”让我想到自己的身体情况，那时我的鼻子又肿又痛，所以我经常服用可卡因来治疗。就在前几天，我得知一个病人因为使用了可卡因，从而导致了鼻腔黏膜的大面积坏死。这件事也让我回忆起，早在 1885 年的时候，因我大力宣传可卡因的医用价值而引起许多人士的谴责。甚至我的一位好友由于误用了大量的可卡因而导致他的病情加速恶化，于 1895 年不治身亡。

8. “我急忙叫来 M 医师给她做一个检查。”表面上这只是说明了我与 M 医师关系密切，但实际上它却暗示着一次不同寻常的悲剧性经历：在人们还没有发现双乙磺丙烷（sulphonal）的特殊副作用时，这种药还被医生们广泛使用。有一次，我让一位女病人服用这种药，结果引起了非常严重的后果，于是我马上向医术高明的前辈们请教。这位女病人的名字和我那患有绝症的大女儿的名字一模一样，想必这正是上帝对我的惩罚吧！她们都叫玛蒂拉尔（Mathild），我没有治好这位女病人，最后也没有治好我的女儿。唉，一报还一报！从这里可以看出，在我的内心深处，我常常为自己的医德问题而感到内疚和懊悔。

9. “M 医师不同于往日，脸色苍白，胡子刮得干干净净，走路有点瘸……”M 医师本人的脸色经常是苍白的，以至于人们都为他的健康所担忧。但他并没有刮胡子的习惯，走路也不瘸。这让我想起了一个人——我的哥哥。他现在在国外，他总是把胡子刮得干干净净的。前几天他给我来了封信，信中说他最近的髋关节炎又犯，每次走路都一瘸一拐的。所以，梦中的 M 医师也是一个“复合体”。我把他们合二为一的原因也许是他们都曾反对过我，我们之间一度出现了可怕的鸿沟。

10. “奥图医生也站在伊玛身旁，另一位叫里奥波德的朋友在给伊玛做听诊，结果发现了她的胸部左下方有浊音。”我的朋友里奥波德也是一位医生，他和奥图是亲戚。不过他们二人始终不和，也许是由于他们都是内科大夫，命运使他们成为不断比较的竞争者。在我还是儿童精神科的主治医生时，他们俩都给我当过助手，因此他们相差甚远的性格使我记忆犹新。里奥波德医生言行沉稳，工作细心、负责；而奥图医生恰恰相反，他的工作一向是讲求速度的。在这个梦里，我肯定是在赞扬里奥波德医生的谨慎与细心。这样的对比只是我个人情感好恶的反映，就像前面所提到的伊玛与她的朋友一样。现在，我清楚了这个梦的运作轨迹——从我没有医好的病人玛蒂拉尔到我死去的大女儿，再从儿童精神科到里奥波德与奥图这两位医生的对比。至于梦中的“浊音”，它使我想起有一回我、奥图，还有里奥波德医生一起给一位病人看病，我和奥图在检查完之后没有发现异常，是里奥波德发现了这位病人的胸部有浊音现象，最后确诊为结核症。除了这件事，也许就是我的潜意识里的一个想法——如果伊玛也像那个被确诊为结核症的病人就好了，那就不会有这般难以诊断的疑难病症了。

11.“左肩的皮肤有渗透性病灶。”这句话使我立刻想到了我患有风湿病的肩部。每次我在半夜里醒来，这个部位就疼得要命。“我们依然可以触摸到这个患处”，这句话也许是指我当时揉了揉我的肩部。另外“渗透性病灶”一般多指的是肺部疾病，如习惯性的说法“左上后部渗透性病灶”，很少用于皮肤症。那么这句话可以再一次肯定我是多么希望伊玛的病只是这种较易诊断的“结核病”，而非这样复杂的病症啊！

12.“尽管隔着衣服”，这句话也许只是一句插语，并没有什么含义。我们在给儿童检查身体时，一般要求他们脱掉衣服的。但对于女病人来说，这是很难办到的。我记得有一位非常有名的医生不让病人们脱掉衣服就能诊断出病人的病症。因此，很多女患者喜欢到他那里去看病。

13.“M医师认为这是由于感染所引起的，不过并无大碍。服用一些泻药，就可以把这些毒素排泄出去。”表面上这句话很荒诞，但要认真推敲一番还真大有文章。梦里伊玛患有白喉病，白喉病往往就起于局部炎症的感染，并导致了别的并发症。里奥波德医生在检查中发现伊玛的胸部有“浊音”，是不是“渗透性”病灶呢？从我的经验来看，白喉病是不会使肺发生“浊音”的，也许是血脓症吧。

“并无大碍”，这个词显然是安慰的话语。梦里的M医师说伊玛的病只是感染所致（也就是器官机能上的病症）。我想这又是我推卸责任的想法：如果伊玛真的是器官机能上的病症，我使用心理精神科的治疗方案当然不会成功。如果她真是癔症，她为什么会有“浊音”、“渗透性”病灶呢？分析到这里时，我又开始深深责怪自己：自己为了逃避责任，宁可让可怜的伊玛患上“结核症”这样的重病，这是多么的残酷啊！也许是自责的缘故，它使梦逐步向好的方面发展，于是就有了“并无大碍”这句话。可是这句安慰的话出现在梦里，是多么可笑与荒唐呀！

“泻药”。我听说一些年老的庸医们竟然会相信白喉病所产生的毒物可以随着人的肠道排泄而自行排出体外。因此，在这个梦里，我可能就把M医师视为这种庸医来嘲弄了。也许还有一件事与这有关——几个月以前，一位患有消化不良的病人来看病，我确信他一定患有癔症，可是别的医生却把他诊断为营养不良和贫血症。我当时没有用精神心理方面的治疗方法给他治疗，只是劝他到国外去旅游一番以得到很好的放松和休息。就在前几天的时候，他突然给我写了封令人沮丧的信。信上说他现在在埃及，还说他在埃及发病的时候去看了医生，但是那里的医生说他是痢疾。我觉得有些可笑：毫无疑问，他的病是癔症，这一点是毫无疑问的，怎么会诊断为“痢疾”呢？没准是埃及的医生搞错了。想到这里，我的内心又开始谴责自己了——是我让一个本来患有癔症的人外出旅游的，结果他到了一个易感染痢疾的埃及。另外，很有可能是因为白喉（diphtheria）和痢疾（dysentery）这两个词的读音很相近，这使我在梦中把它们弄混了。

梦里的这句话是由M医师亲口说的，这很有可能是我在梦里取笑他。记得有一次，他与一位同事一起去诊治一个女病人，M医师发现她的尿液中含有大量的蛋白质，并以此表示这位女病人已濒临死亡。但那位同事却不以为然地说：“这并不能说明什么，并无大碍。”所以，我在梦里就有意取笑了这位连“癔症”都看不出的医生。我还常常想这样一个问题：如果伊玛的那位朋友患的是癔症，换了M医师去治疗，是否也会把它诊断为“结核症”呢？

为什么我在梦中会取笑M医师呢？我想只有一个原因——出于报复，因为他和伊玛都曾反对过我。所以我在梦中会认为伊玛是咎由自取，而M医师则说出这样的无稽之谈。

14. “我们每个人都清楚地知道这是怎么感染的。”在里奥波德医生发现伊玛的胸部有“浊音”和肩部有“渗透性病灶”之前，我根本不会想到它是由“感染”所致。所以，这句话非常不合乎逻辑。

15. “前些日子，奥图医生在为伊玛治病的时候给她打过一针……”奥图医生确实到郊区看过伊玛，但那是因为那里的旅馆有位得急症的病人，他去那里是给这位病人打针，而且事后他才去看望伊玛，也并未给她打针。由此看来，这句话是我对这件事的联想。

这里我又想起了由于使用了大量的可卡因而不治身亡的好友。当时我确实提倡使用可卡因治疗疾病，但有个前提条件——在防止可卡因中吗啡中毒的情况下，才可以适量使用。但我没有想到，我的那位好友打了超量的可卡因而导致了死亡。对这件事，我很久不能淡忘。

16. “注射了丙烷基……丙酸酯……丙酸尿。”这些到底是什么药，我从来都没有见过。在我做这个梦的前一天，奥图送了我一瓶酒，酒瓶上标着“爱纳司”（Ananas），而伊玛的姓正好与这个酒名的读音相似，所以我在梦中把这些都联系在一起了。后来，因为那瓶酒散发出强烈的杂醇油味，所以我很想扔掉它。但我的妻子却不赞成我这么做，她说：“与其扔掉，不如送给仆人们喝……”我就竭力反对：“仆人们也是人啊！这样做是会使他们中毒的。”或许戊基（amyl）和丙基（propyl）引起了我的联想吧。

17. “三甲胺（TrimeThylamin），对于它的化学构造我看得非常清楚。”我确实在梦中看到三甲胺那粗体标出的化学结构式，但它对我来说又有什么特殊之处呢？记得以前我和一位至交（指的是弗利斯医师，他是德国柏林的五官科专家，同时也是一位生物科学家，对我的理论以及这本书的出版有很大的影响）攀谈时，他告诉我一些关于性化学的研究结果，并提到了性激素在新陈代谢过程中所产生的一种介质物，这种介质物的名字正是三甲胺。所以，很有可能我在梦中用三甲胺取代了性。在我的研究过程中，性一向是一个重要的研究课题。如果我非要把伊玛和性扯在一起的话，那是由于伊玛是一个年轻的寡妇，所以很可能是性方面的原因使她患上了这样的病症。当然，这样的说法会使那些伊玛的追求者很不高兴，但它似乎很吻合梦中的情景。

为什么三甲胺给我的印象那么深刻呢？我没有得到答案。很可能它是一个暗喻，不只是性的替代物，但我实在找不到它更深的含义了。提到了性这个问题，我想起了一位对我有很大影响的前辈，他对鼻炎和鼻窦炎疾病的治疗很有经验。他曾经揭示过鼻甲骨和女性生殖器的格外奇特关系。我的这个梦中也出现过鼻甲骨，因此我可以肯定：在我给伊玛治疗的过程中，我认为伊玛的病是与性方面有着些许联系的。

18. “在日常的治疗过程中我们是不会轻易地注射这类药物的。”很明显，这句话是在表示我对奥图的不满。因为当天奥图跟我说伊玛的事时，我就暗自埋怨他这么轻易地相信了伊玛家属的言辞。另外，“轻易”这个词又让我联系到那位使用大量可卡因而致死的朋友，以及那个与我大女儿同名的女病人。直到现在，我也甩不掉内心的悔疚和良心的谴责。

19. “当时使用的注射器很可能是未经消毒的。”这句话也是在责备奥图的，但它的缘由是：我的一位已经 82 岁的病人，这些年来始终依靠我给她注射吗啡来维持。前些日子她搬到郊区居住，就让别的医生给她注射吗啡，但不幸的是她因此得了静脉炎。刚听到这个消息时，我为我那谨慎的行医方式而感到自豪，因为我给她打了两年针从未发生过感染。“当时使用的注射器很可能是未经消毒的”，也使我回想起我的妻子在生大女儿的前夕，就因为注射的原因而感染了“血栓症”。所以，在这个梦里，很有可能是我又把伊玛和我大女儿合二为一了。

现在，我完成了对这个梦的解析。在进行这些分析中，我尽量排除那些因梦的内容和隐含的意念之间的对比而显示出的想法，以便把这个梦的真正含义显露给大家。从这个梦来看，我找到了贯穿其中的思想，这也正是我做这个梦的根由。这个梦实现了我的一些意愿，这些意愿起源于奥图医生在前一天晚上对我说的那些话，还有我给 M 医师写的那封关于伊玛病历的信。经过我的分析，这个梦最终表示了伊玛并未痊愈的原因不在我，而是奥图医生。因为奥图在告诉我伊玛的情况时，我的心里就恨恶他，于是出于报复，我做了这个梦。梦中出现的一些情形使我逃避了对伊玛应该负的责任，因此，这个梦也反映了我心底的一些想法。可以这么说——做梦是有动机的，而这个动机正是人们潜意识里的某种意愿，在梦中这种意愿得以实现。

这个梦里还有其他的细节，好像与我要证实的主题（对伊玛的事件不负责任）没有联系。我那死去的女儿所患的疾病，那个与我女儿同名的女病人所患的疾病，可卡因的危害，那个跑去埃及旅游的病人的病情，我对夫人、哥哥、M 大夫的健康的关心，我自身的健康问题，我那位已经去世的患有化脓性鼻炎的老友……如果我要从这些繁杂的碎片中找出它们共同的意义，那必定是对自己与别人的健康状态的一种关心，即医生职业所具有的良知。我现在隐约想起来，那天奥图医生对我说伊玛的现状时，我确实感到一种无法言喻的不快，最终我还是在梦的某些部分里发泄了这种不快的感觉。当时的感觉就好像是奥图在告诉我："你对你的医德问题并不是十分的重视，你缺乏良知，你根本没有实现你的诺言。"所以，我在梦里就竭尽全力地想要证明：我太有良知了，我如此这般地关心着我的朋友、亲戚和病人。但令我奇怪的是，梦里真切存在着的某些痛苦的记忆，反而更加验证了奥图的责怪，根本不理会我自己一再强调的自白。从其内容看来这并不是某种袒护，梦中这些较为广泛的思想与这个梦的主题"我对伊玛的病没有责任"确实是有关联的。

当然，对于这个梦的隐意也许还有遗漏之处。同样，我也不敢保证所作出的解释是绝对准确无误的。

我愿意再用多些时间来继续对这个梦进行解析，以找到更多的线索来进行各种各样的探讨，甚至还可以更深刻地反映出我个人的心理状况。然而，这些内容却关系到我自己，每一个梦里都有一些我不愿进行深入分析的内容。如果某些人认为我的分析不够彻底与清楚，那么可以对他们自己的梦进行一番更透彻、更直观的研究。对于我的这个梦的分析，我非常满意刚才得到的那个结论。通过对梦的解析，我们都将发现梦是具有一定含义的，而非一些学者所描述的那样——"梦只是由于人脑的部分活动所产生的"。如果人们可以对梦的解析工作做到完全而彻底，最终会发现梦代表着人们潜意识里愿望的实现。

第二节 梦的本质

当我们历经艰辛走过那崎岖坎坷的道路后，终于来到了一处平坦宽阔的地带。此时，我们都会停下匆忙的脚步，仔细看一看面前的康庄大道，认真想一想这样的坦途该如何走下去？我们在研究梦的解析的过程中，也要进行这样的思考。在上一章的分析中，我们发现了梦代表着人们潜意识里愿望的实现，认识到这一点，就等于我们突破了解析梦的第一个难关。梦，不是毫无根由就产生的，同样也不是人们意识里混沌、荒诞的产物，它是人类思想里的一种完全可靠的精神现象，换句话说也就是愿望的实现。它是在人们高度错综复杂的思想活动中产生的，是人们思想活动还处在清醒状态下的一种延续。

在我们发现梦是愿望的实现这一本质后，接下来的任务就是确定它是所有的梦的共性，还是仅仅局限在我所做的那个梦（伊玛打针的梦）呢？尽管每一个梦都有各自的隐意和精神价值，但这些隐意以及精神价值并不是完全相同的。刚才我分析的那个梦属于愿望的实现，也许下一个梦就属于对往事的回忆，第三个梦却是忧患的产生，第四个梦是自我责备等等。除了“愿望的实现”这种梦以外，还会有其他的梦吗？

梦所显现出来的通常是直观的愿望的实现，要证明这一点并不难，因此在相当长的一段时间里，人们对难以了解梦特有的语言而感到惊讶。比如有一种梦，只要人们愿意就可以把它唤醒，就好像做实验那样。如果我在晚上吃了海蜒、橄榄或是其他很咸的食物，就会在夜里由于口渴而醒来。但是在清醒前所做的梦大致都一样——我正在喝水。我梦到我正在狂饮，那有如清泉一般甘甜的水正在湿润我那干裂的喉头。而且在我清醒后，我发现我真的很渴。我清醒后意识到自己是因为口渴才做了这个简单的梦。由于口渴我有了喝水的愿望，而梦使我的这个愿望得到了满足。由此我们不难发现：梦是在执行某项功能。我的睡眠一直很好，任何一种身体上的需要都不会轻易地唤醒我。如果我能够梦见自己在喝水，那我就不用醒来再去喝水了，因此这是一个简单便利的梦，它取代了日常生活中所发生的一些事。尽管这个想要喝水的愿望与我报复奥图和M医生那个梦不同，但这两个梦的意向是一致的。我就在不久前做过一个类似的梦，它只是稍有变化而已。我在睡觉之前觉得口渴，于是喝了一杯水。但几个小时之后我又觉得口渴得要命，但这一回却不是那种简单便利的梦。我为了喝水，就要站起来去取杯子，它在我妻子身边的床头柜上。于是我就梦见了我的妻子正在用一个瓶子喂我喝水。而那个瓶子正是我去意大利旅游时购买的一个伊特路斯卡骨灰瓶，而且我早已把它送人了。可是瓶子里的水很咸（这是因为骨灰的缘故），于是我被惊醒了。可以发现，梦里的一切都很合情合理。因为做梦的唯一动机是人们愿望的实现，所以它的内容是完全利己的。坐享其成和关怀别人始终是相互矛盾的。梦到骨灰瓶也许是另一个愿望的实现，但那个骨灰瓶已不是我的了，就像放在床头柜上的那杯水一样，都不是唾手可得的。骨灰瓶与我感觉到的咸味很相符，其作用就是让我醒来。

在年轻时，我经常做这种梦。我记得我总是睡得很晚，第二天早晨也很难起床，所以我总是梦到自己已经起来了并且站在洗脸盆旁边。但我马上就会意识到自己还在睡觉，并没有起来。我的一个年轻的同事，也和我一样很贪睡，他曾经告诉我一个很有趣的梦，其表现形式也很独特。他住在离医院不远的一所公寓里，他嘱咐女房东每天早晨都要按时叫他起床。有一天，他睡得很沉，女房东一进屋就喊："培尔先生！该起床了，去医院上班的时间到了。"于是，他在听到喊声后做了这样一个梦：他躺在医院的一张病床上，床头有一张小纸片，上面写着"培尔·H，医科学生，22 岁"。他在梦中自言自语道："我已经在医院了，我用不着再去了。"接着他翻个身又睡着了。他的那句话暴露了这个梦的动机。

下面我可以举一个例子：我的一位女病人，她做过一个颌下外科手术，但手术并不成功。医生要求她每天都要在脸上疼痛的部位进行药物冷敷，但是，每一回她都会在睡梦中扔掉脸上的那些冷敷用的布袋。有一回，她又扔掉那些布袋，我就责备她。她说："其实我也不想这么做，那都是我在梦中的所为——我梦到我在一个剧院的包厢里观看演出，突然想起了正在医院里忍受牙痛折磨的卡尔·梅耶先生，我就不禁联想到自己的下颌又没有病痛，为什么让我做冷敷呢？于是，我就顺手扔掉它。"她的这个梦使我想到：如果我们的心理或身体感到难受的话，我们常常会产生一种尽快摆脱现状的强烈愿望，而这个女病人的梦正是这种愿望的表现。她梦里的那位卡尔·梅耶先生指的是她的一位朋友，她在梦中把自己的病痛转嫁到这位朋友身上了。

我收集了一些健康的人所做的梦，其中有不少是有关"实现愿望"的梦。一位对我的研究工作很感兴趣的朋友对他的妻子谈论了这些理论。有一回他对我说他的妻子梦到了她的经期快要到了，他让我解释一下这个梦的意思。这其实很好解释，一个年轻的太太梦到自己又来月经了，实际上是意味着月经停止了，这表明她仍向往那种自由的生活，可以免却抚养儿女的重负，这其实是一个暗示怀孕的梦。而我的另一位朋友在信中提到了他妻子梦到衣服上有许多奶渍的情形，这个梦也说明了这位太太怀孕了，尽管她已生了一胎。她非常希望在喂养第二个孩子时，乳汁会比第一次多。

一位年轻女士为了照料她那患有传染疾病的孩子，已经好几个星期没有参加社交活动了。在那个孩子病愈后，她梦到自己参加了一个舞会，在舞会上，她看见了阿尔丰斯·都德、保罗·布尔热以及马赛尔·普雷沃。他们待她很友好，而且谈吐风趣、幽默。这些作家们和他们的画像一样，只是普雷沃除外，因为她没有见过他的画像，但他看上去却像一个前几天在病房里抽烟的防疫检察官，这个人也许是这么长的时间里第一个来看望她的人。所以，这个梦可以解释为：我应该参加一些娱乐活动，而不是在这里照看病人。

不管我们所做的梦是多么复杂，它们中的绝大多数都可以理解为“愿望的实现”，而且它们的隐意是非常直观的。它们大都是简短的梦，正好与那些会使释梦工作复杂化的凌乱的梦形成了强烈的对照，而后一类梦引起了梦的研究者们的广泛注意。但我们仍然要花费一些时间和精力来研究一下那些简单的梦。从儿童身上我们可以发现这种简单的梦，因为儿童的精神活动必定不像成人那样复杂。就像对低等动物的研究将有益于认识高等动物的构造和发展一样，我认为研究儿童的心理也有益于更加深入地了解成人的心理。但迄今为止，几乎没有人愿意积极地运用儿童心理学去达到这一目的。

一个小孩的梦常常表明了最简单的愿望的实现，这比成年人的梦更加明了、浅显。尽管它们非常枯燥，却照样可以说明梦的本质就是愿望的实现。

有一次，我们全家外出旅行。旅行中，我的 8 岁半的女儿就凭借着梦来实现她那些幼稚可笑的愿望。这次旅行我们还带着邻居家的爱米尔——一个外表文质彬彬、略有绅士风度的 12 岁小男孩，我的小女儿非常喜欢他。有一天早晨，我的小女儿对我讲了她的梦：爱米尔成了我们的家庭成员，他用“爸爸，妈妈”来称呼我们，并且与我的小儿子一起在卧室里睡觉。然后，我的妻子走了进去，把一大堆五颜六色的巧克力糖放在他们的床下。听完了这个梦，我那小儿子丝毫没有得到我有关释梦方面的才能，他像我说过的那些蹩脚作家一样开始嚷嚷他姐姐的这个梦荒诞至极。可我的小女儿却为这个梦中那些她认为真实的地方极力辩护。从精神分析论的观点来看，她认为哪些地方是真实的呢？她认为爱米尔变成了我们的家庭一员，这一点是荒诞的，但巧克力糖却是有理可依的。如果我的妻子不为我解释，我还真的不明白那巧克力糖的意思——在我们回家的途中，孩子们曾停在自动售货机前让我的妻子给他们买那种包有闪闪发亮的糖纸的巧克力糖吃。但我的妻子当时没有满足孩子们的愿望，所以巧克力糖就出现在女儿的梦中了。经过妻子的解释，对小女儿的梦我就能够分析得差不多了。有一天，我听到爱米尔对我的小女儿说：“我们先歇会儿，等‘爸爸’‘妈妈’跟上来再走。”也许，正是这句话使我的小女在梦中把这种暂时的关系永久化了。小女儿这个梦只是表现了儿童纯真的情感，她梦中的情感还不足以带着任何伴侣的意义，只是兄弟姐妹之间的情谊而已。但我妻子为什么非把巧克力糖放在床下呢？也许只有小孩子能做出合理的解释吧！

我的一个朋友对我说了一个 8 岁的小女孩所做的梦。有一次，她的父亲带着家里的孩子们步行去都俄巴赫[①]游玩，本来还想去参观洛勒的小屋，但由于当时天已渐晚，只好返回家中。父亲为了安慰孩子们，就承诺下回再来。在回家的路上，路经一个指向哈密欧方向的标示牌，所以孩子们又要求去哈密欧，无奈的父亲只能又说下次我们再去那儿，现在我们要回家。第二天早晨，这个女孩激动地对她父亲说："昨天夜里我梦到我们一起去参观了洛勒的小屋，而且我们还去了哈密欧。"由于这个女孩非常希望去这两个地方玩，所以她等不到下次了，于是迫不及待在梦里实现了愿望。

尽管儿童没有源于性欲的快乐，但是失望和放弃却是他们梦中内容有效的刺激源。我有一个只有22个月大的侄子，在我过生日时别人让他送我一小篮樱桃表示祝贺。因为当时市场上的樱桃很少，所以他不愿意执行这项困难的任务，他嘴里不停地嘟囔着："篮子里是樱桃"，而且迟迟不把这篮樱桃递给我。他曾经在路上看到一个身披白色风衣的士兵，以后他每天醒来都要对妈妈说他梦见了"白兵"。在我那次过完生日的第二天，他醒来说他梦见那个"白兵"把樱桃全吃完了。

我的女儿也做了一个类似的梦。有一次我们去奥赛湖旅游，她那时只有三岁零三个月。这次旅游中，她头一次乘坐渡船，但对这个小孩子来说，她还远远没有尽兴。当渡船到了码头后，她又哭又闹不想上岸。就在第二天早晨，她对我说："昨天晚上我梦到我们又去坐渡船了。"我想，她在梦里游玩的时间一定比白天长得多。

如果儿童所说的梦话也包括在梦的范围里，那在我收集的所有梦

---

① 维也纳郊外的山间。

例中有一个年纪最小的孩子的梦，她是我最小的女儿安娜·弗洛伊德所做的一个梦，那时她只有一年零七个月。有一天早晨，她不停地呕吐，结果整整一天她都没有吃东西。就在当天夜里，我听到她在睡梦中激动地喊道："安娜，草莓、野（草）莓、煎饼、布丁！"她在那时总是先说出自己的名字，以此来表示自己占有了某些东西。她所说的这些食物都是她平时最爱吃的。她的梦话中，草莓以不同的方式出现了两次，这也许是她在反抗家里的卫生情况。因为她没有忽视这点：她的保姆说她吃了很多的草莓才导致呕吐的，因此她在梦里对这个讨厌的说法表示了强烈的反对①。

动物会梦见什么，我不知道。我的一位学生曾对我说过这么一句奥地利谚语："鹅会梦到什么？"答曰："玉米！"看来梦是愿望的实现这一结论完全包含在这两句民间谚语中。

通过上面那些简单例子，我们可以知道梦里隐含着的含义。当然，现实生活中有许多话是讽刺和贬低梦的，比如科学家们经常所说的"梦犹如空中楼阁"等。但一般而言，梦确实是反映了"愿望的实现"的。比如，生活中发生了出人意料的事情时，我们往往会这样说："啊！这件事我连做梦都不敢想。"

第三节　梦的改装

如果我就此断定所有的梦都体现了"愿望的实现"这个意义，我必定会招致最为强烈的抗议。那些批评家们会说出这样的话：如果你

① 在认真地研究了儿童精神生活之后，我们发现幼稚方式的性本能对儿童的精神生活起了非常大的作用，而这一点却被人们忽视了。

认为梦是愿望的实现，这实在不新鲜，因为一些研究过梦的学者如拉德斯托克、弗尔克特、浦肯野以及格利新格等人均有这样的结论。但要说每一个梦都是“愿望的实现”，那就太绝对了，并且这是一个不符合客观情况的结论。还有许多梦是由悲哀的内容构成的，没有任何欲望满足的迹象。就像乌依德与哈拉姆这两位女作家做过这样的统计：她们认为人的许多梦都含有悲哀的内容，其中57.2%的梦就属于这种类型，只有28.6%的梦是那种愉悦的。另外，除了那些在我们梦中出现的痛苦的情感以外，还有一种使人无法忍受的、可以让人惊醒的噩梦。这时候，“梦是愿望的实现”这一说法就无法立足了！

如果我想要对上面那些言之凿凿的“真理”进行反驳，其实真是一件非常容易的事。这里我强调一点：我对梦的解析并不仅仅局限于梦的显意，而是针对梦的隐含内容来进行深入的解析。现在让我们来比较一下这两个词——梦的显意和梦的隐意。对于表象，谁都能一目了然，我承认有许多梦充满了悲哀的内容。但为什么没有人花费时间和精力去揭示梦里隐藏的含义呢？如果谁都没有这样做，那么那些貌似正确的结论也是不可靠的。如果有人确实这样做了，他可以断定这些梦没有包含着“愿望实现”的隐意吗？

我现在要解决的问题不仅是如何把那些令人痛苦、惊慌的梦解析为“愿望的实现”，而且还要解决一个在前文中提过的问题——为什么一些与“愿望的实现”毫无关系的梦，在经过深层、透彻的解析后才可以显示出它的隐意呢？正如我刚才说的那个伊玛的梦，这个梦不属于那种令人悲哀的梦，从表面来看，不论是读者，还是我本人，都看不出它的隐意。但是经过我的解析之后，它最终的意义确实是“愿望的实现”。但为什么从表面上不能找到梦的隐意，必须经过这么复杂的解析程序呢？如果每一个梦都需要经过必要的解释是每一个梦的特性，那么这个特性就可以称为“梦的改装”。这样我们就又多了一个需要研究的问题——梦的改装是怎么来的？

在研究“梦的解析”的过程中，仍会不断地发现许多问题。例如：一些人在睡眠状态下，是不可能对自己梦中的思想进行忠实表述的。换句话说，也就是对于梦的解析很可能有别的途径。下面，我将引出我的第二个梦例。同样，这个梦也会把我的一些隐私暴露出来，但为了能使梦的解析工作更好地进行下去，这样做是有意义的。

1897 年的春天，两位我们学院的教授推荐我做临时特职教授（professor extraordinarius）[①]。我听到这个消息后非常惊喜，并且非常感激这两位知名教授对我的重视。但很快我就告诫自己不要对此事抱有太大的希望——在过去的几年里，学院已经多次拒绝了这样的举荐，另外还有很多资历比我深的同事直到现在也没有得到这样的荣誉，而我也并非那么出类拔萃。我决定还是慎重为好，可以省去了奢望之后的失落。我并不是那种野心十足的人，即使没有这副教授的称谓，我照样可以过得有滋有味。这样说似乎有点“吃不着葡萄说葡萄酸”，但对我来说，这串葡萄确实是难以企及的。

一天晚上，我的朋友 R 先生来拜访。他的经历一向是我的前车之鉴：他早就有了副教授的提名（所有的病人对拥有这种称谓的医生就如对待上帝那样崇敬），他属于那种锲而不舍的人，所以常常向上级

---

① 临时特职教授，约等于副教授。以下均译为副教授。在奥地利，这些任命只能由国家教育部做出。对于这次任命，我在同年 2 月 8 日写给弗利斯的信中提到过，另外这个梦也可在 3 月 15 日的信中找到。下文中所出现的“宗教信仰”，是指当时在维也纳地区盛行的反犹太主义。而弗洛伊德是犹太人。信奉的是犹太教。

负责人追问他的任命时间。他对我说他前几天实在是无法忍受了，就直言不讳地质问负责人他还没有被任命的原因，是否与他本人的宗教信仰有直接关系。最后那负责人以“因为日前众议颇多，使你无法升职”的言辞回敬了他。最后他终于清楚了自己的处境，从而结束了这次令人尴尬的谈话。朋友的这些话，更加确信了我想法的正确，因为我们信仰相同的宗教。

当天晚上我做了一个梦，第二天早晨我一醒来就把它记录了下来。这个梦里有两种思想和两个分别具有这两种不同思想的人物。这个梦可以分为两个部分，但在本文里，我只会解析第一部分，因为另一部分与本文并无多少联系。

1. 我的朋友R先生在这个梦里成了深受我爱戴的叔叔。

2. 我很近地注视着他那张有些变形的脸——它好像变长了一些，而且长满了黄色的胡子，看上去很有特点。

分析：“R先生成了我的叔叔”。我是有一个叔叔，他的名字是约斯，而且他的经历非常坎坷。大约在三十年前，他为了挣钱竟不顾刑法，结果受到了法律的惩罚，被判了刑。我的父亲为此非常难过，在短短的几天里愁白了头。他对我说约斯叔叔其实是一个好人，就是遇事考虑不周，所以会被别人利用变成了“呆子”。如果说梦里的R先生就是我的叔叔，很明显的是我认为他也是一个“呆子”，这个结论未免太荒谬了。但是我可以肯定的是我在梦中的确见到了我叔叔的那般长相——长长的脸型，还有那非常有特点的黄色胡子。现实中的R先生长着黑色的头发和胡子，但由于岁月的流逝，他的黑发渐渐地变得灰白，黑色的胡子也会变为棕色，直到最后也变成了灰色。R先生最近变得苍老了许多，我见了他也会感到难受。我梦中所出现的那张脸似乎是R先生的，但好像也是我叔叔的。这就像高尔顿的合成照相法——高尔顿本人就非常善于把好几张相似的脸同时在一张底片上感光。如果我梦里的这个人是R先生，那就说明了我认为R就像我的叔叔一样——也是一个呆子。

我从上面的解释中并没有找出任何头绪。我认为这个梦一定存在着某种想法，这种想法使我想要彻底地披露R先生。但本质上讲，我的叔叔是一个罪犯，而R先生却是一个正人君子。我想起一件小事：R曾经骑自行车撞倒了一位学生，结果他被罚了款。如果我用这件小事与犯罪相提并论，那就太荒唐了。我又想起了一件事：前几天，我和一位同事N先生（他也被推荐晋升副教授之职）在路上偶遇，然后我们就谈论起关于升迁的事。他听说了我被提名的消息，向我表示祝贺。我当时没有接受他的祝贺，我对他说："你别开我的玩笑了。你也知道我只是被人推荐，这根本不值得祝贺。"他附和我说："你毕竟与我不同，我是由于个人问题才不能升职的。也许你知道有个女人控告我这件事吧！我因为被卷入了一个卑劣的勒索案，我竭尽全力地使这个案件的被告免受判刑，为此惹上了麻烦。也许就是这件事使教育部长没有提升我。而你，至少在个人品质上无懈可击啊！"从这件事里，我在这个梦的解析过程中就引出了一个罪犯，我的叔叔约斯同时代表了我刚才提到的两位同事——其中一个是"呆子"，另一个是"罪犯"。说到这里，我终于知道这个梦的疑难之处了。如果说R先生没能升迁的原因是宗教问题，那么我的升迁也是毫无指望的。假如我没有这两位同事所具有的缺点，那我的升迁的希望就不会受到干扰了。这一点就是我做这个梦的动机——梦中R成了呆子，N成了罪犯，而我清清白白。我就很有可能被升职，根本不用理会R告诉我的那个“宗教信仰”的问题了。

写到这里，总觉得对这个梦的解释有一些不足之处。为了使自己能够升职，居然在梦中诋毁了这两位我向来尊敬的同事，为此我深感愧疚。但这是对梦进行了解析后才得出的结论，毕竟不是客观存在的事实，这样说可以使我的内心稍稍平静一些。现实中，我绝不会容忍任何人说 R 先生是个“呆子”，也绝不会相信 N 先生是个“罪犯”。同样，我也不会相信第一个梦中的伊玛的病情恶化是由于奥图给她打针而导致的。所以，梦所表现的“愿望的实现”只是单方面的。表达的意思是我可以通过这种方式满足我的欲望。从梦的内容来看，我的第二个梦似乎比第一个还要荒谬。但经过仔细的分析，依旧能找到问题的所在。因此，这个梦可以暂时理解为对事实的诋毁，但它怎么能无中生有呢？在我做这个梦之前，我的同事 R 先生正与他们系里的一位教授闹矛盾。至于 N 先生，他曾在私下里告诉过我一些关于他的别人无法悉知的隐秘之事。为了把这个梦解析得更透彻一些，我还得继续解释。

对这个梦的解析，还有一些遗漏的地方。在这个梦中 R 先生变成了我的叔叔，当时我心里有一种特别深厚的情感。但这种情感究竟是为谁呢？很显然，我对我的约斯叔叔可没有这般的情感。尽管 R 先生是多年的至交，但我一旦当面表露这样的情感，他必定会感到过于肉麻。如果我梦中对 R 有这样的情感，从理性的分析来看，它属于对 R 的才华、品行等诸多方面的情感进行的一种夸大后的综合产物。而在这个梦里，这种经过夸大的情感却代表了一种相反的意味。写到这里，我终于发现这份令人迷惑的情感并不是这个梦里所谓的隐意。恰恰相反，它与这个梦的内容正好背道而驰，并且在我进行解析时，它又巧妙地进行掩饰。也许，这就是它的作用吧。还有，我开始对这个梦进行解析之前，我一再拖延时间，并且极力使自己相信这个梦是多么的荒谬。以我多年从事精神分析的经验来看，在这“拖延”和“荒谬”里肯定大有文章。这份特殊的情感与这个梦没有一丝关联，但它却清楚地表示了我对这个梦的真实感觉。就像让我的小女儿吃一个她不喜欢的苹果，她连一口都没有吃就说那个苹果是酸的。如果换成我的某个病人，我会认为他这样做一定有什么别的原因。同样，我现在的情况也是如此——因为我讨厌这个梦里的某些东西，所以我才会一再拖延对这个梦的解析。从上面的那些经过悉心分析得出的结论来看，我是多么不愿意把R先生比作“呆子”。而在梦中出现的我对R的那份特殊情感也并非是这个梦本身所具有的感情色彩，它只是反映了我本人在这个梦的解析过程中，所表现出的一种超出我的意愿的情感。幸好，我在解析这个梦的整个过程中没有被它所迷惑，从而得出了如上的结果。否则的话，这份让人迷惑的情感就实现了它的目的了，也就是说，这份情感给这个梦蒙上了一层面纱，掩盖了这个梦真实的意义。如果我揭不开这层面纱，这个梦就无疑是对R先生的诋毁，那样就发现不了我与R之间的真挚情感也是这个梦所包含的一个意思。

上面得到的结论是一种普遍的规律。有些梦确实是非常浅显的“愿望的实现”，例如我们在第二节所列举的那个梦例。而人们对梦中所反映的愿望若是存有一种疑虑，就使得这个愿望也以一种改装后的形式出现。在现实生活的社交过程中，我也能够发现这种类似的例子。在社交时，我们确实是存在了许多伪善的套路。比如两个在一起工作的人，如果其中一个拥有某种权力，那另一个肯定对此处处小心。因此，他的某些行为就会有所顾忌，并不是随心所欲的，就好像是他戴上了一副面具似的。从这个很简单的例子中，我们可以看到我们日常交际的礼仪其实也是经过了改装的行为。

在解析这些梦的同时，我也不得不采用这种改装的方法，甚至连诗人也抱怨过这种改装的必要性：

> 能贯通的最高真理，
>
> 决不能对孩子们直接说明。①

一些时政的评论作家在描写当局的某些内幕时，也会遭遇同样的问题。如果他们未加掩饰，当局就会压制他们的谈论；如果已经口头发表，就会遭到时政的制裁；如果已经印刷成书，则必定会遭致查禁。因此一个作家为了防范这种审查制度，就要在发表言论或文章时把自己的话语改头换面，使它不露锋芒。他们要根据审查的严密程度来调整自己的言论，有时需要运用暗喻的手法来代替直接的评论，有时则需要运用装疯卖傻的手段来逃避压制。比如，他在评论时可以借用中国清朝的两个官员来加以批判，但聪明人一看就知道这是在说本国的官员。审查制度越是严密，掩饰的手段就越多样化，而使读者们体会其本意的方法也就越巧妙。

梦的运作过程中也有一种审查制度，这种审查作用就像是某个作家对一篇文章所做的修改，它完全类似于梦中出现的改装现象。那么，我们现在先假设每个人的内心里都有两种心理过程，或者也可以称之为“趋向或系统”，其中第一个心理步骤是在梦里表达出愿望的具体内容，第二个心理步骤充当审查者，从而对梦进行“改装”。但

---

① 此话出自歌德的《浮士德》第一幕第四场中魔鬼靡菲斯特所说的话。

第二个心理步骤所具有的这种权威性，是依靠何种性质来行使审查工作的呢？要认识到，只有经过分析，我们才能意识到梦的隐含意义，我们清醒时所意识到的无非只是梦的表象而已。从这个结论里我们可以推导出一个合情合理的假设：只要是我们能够意识到的，必然经过了第二心理步骤的认同；假如来自第一心理步骤的那些材料一旦无法通过第二步骤，就不会被意识接受，必须经过第二心理步骤的转变和改装，才能满足它的要求，只有这样才可以进入到意识之境。因此，我们能够知道这种所谓的意识所具有的基本特性——意识是一种非常特殊的心理行为，它是感官把源自其他方面的材料进行加工合成形成的产物。从心理病症来看，我们决不能忽视意识这个问题，它仍然是非常重要的，所以在以后的章节里，我会对此进行专门探究。

如果我们可以接受这两种精神系统及其与意识之间关系的这种描述，我就可以认为，梦中我对 R 有一种异样的感情，但我在解析时又对他如此地诋毁，这与政治有很多相似之处。我们来设想一下这个明争暗斗的社会，那些统治阶层害怕失去权力，因此时刻警惕着社会的舆论。人民群众强烈反对某个贪官污吏并极力要求他免职，但当权者们却无视人民的要求和愿望，反而把这个贪官晋升并让他行使特权。相同的道理，那个接近意识的第二系统使用一种过于强烈的情感把 R 作为重点来突出表现，这只是由于属于第一系统的愿望冲动，在其特殊的原因下，反而把他贬为一个大傻瓜了①。

---

① 在我和别人的梦例中，很少见到类似于这样的梦。我曾经由于钻研某个科学问题，连续好几个晚上都被一个异常混乱的梦所困扰。在梦中我与一个绝交的朋友又重归于好了，当我连续梦到这个情形第四次或是第五次的时候，我才明白了这个梦的含义。这个梦的本意是让我放弃对那个朋友的怀念并彻底地遗忘他，但梦却被改装成为我和那个朋友和好了。

现在你也许会问："通过梦的解析，是否可以解决哲学上一直无法解决的人类心理机制这个问题呢？"我不打算在这里探讨这个问题，我最好还是先把这一章的内容解释清楚。现在所要研究的问题是："该怎样把梦中出现的那些令人悲伤的情景解析为'愿望的实现'呢？"我们已经知道，梦里那些令人不快的内容实际上就是对梦的本质的一种改装。从前文的推理来看，梦的改装是因为梦里的某些内容并不被第二心理步骤所接受，而这些内容又牵涉到第一心理步骤所盼望实现的愿望。需要解释的是，由第一心理步骤引发的梦都是表示"愿望的实现"，但是第二心理步骤却会对梦本身的真实意义进行掩盖和混乱。如果我们在梦的解析过程中一味地考虑梦与第二心理步骤之间的关系，就不可能对梦做出正确的解释，并且也无法解释梦中出现的其他问题。

任何一个看似特殊的梦在经过解析之后，都可以表明它们具有某种神秘的意义，并以此来表示愿望的实现。以下我将要解析几个带有忧伤色彩的梦，其中几个梦是一些癔症患者所做的，因此在解析的过程中我们还需要讨论一下那些表现癔症特征的精神过程。为了证明我的理论，这无疑又加重了我的困难。

在分析和治疗神经症患者的时候，我依旧会解析他们所做的一些梦。在探讨的过程里，我必须解释他们所具有的各种心理，以此来了解他们的病症，这样做的结果通常是我会遭到患者的批评。我的病人们一致反对我的观点——梦是愿望的实现，因此下面我将解析几个反驳我观点的梦例。

有一位很聪明的女病人对我说了她的一个梦，想以此来驳斥我的观点。她说："你说梦是指'愿望的实现'，但我做过一个梦，在梦中我的愿望根本没有实现。对此你怎样解释?”接着她对我说了这个梦:“我想准备晚饭,但家里除了熏鲑鱼什么都没有了。于是我想去商店采购一些吃的,可是今天是星期六,所有的商店市场都休息。我拿起电话想让饭店送餐,没想到我的电话坏了。实在没办法,我只好放弃了这个打算。”

我听完了对她说:“是啊!从表面上看,你的这个梦正好与我的观点相反。在梦里你确实没有实现你的愿望。但我的观点是经过一番细心分析才得出来的,并非是表面现象所能说明的。”于是我又问她:“引起你做这个梦的原因是什么呢?你也听说过‘日有所思,夜有所梦’这句俗话吧!”

分析:这位女士的丈夫是一个诚实勤劳的肉商。在前一天,她的丈夫对她说,他越来越胖了,所以他必须进行减肥。他还说每天都要早早起床,并且进行运动和节食,另外他不参加任何宴会。有一回,他们在饭馆里认识了一个画家。当时那画家由于认为她丈夫的脸很生动,所以想给他画张像,但被他谢绝了。他开玩笑说他的脸甚至不如一个美女的背影生动。她很爱她的丈夫,所以她为此取笑了他。她也曾告诉过她的丈夫不要再给她鱼子酱吃,但这句话有什么含义呢?

其实,她每天都希望吃三明治和鱼子酱。但由于她的生活一向俭朴,所以她并没有这样做。她也知道要是想吃,只用说一句,丈夫就会满足她。但她却不让他这样做,以便她可以继续取笑丈夫。

这些解释看上去太牵强附会了,但这些令人不满的解释往往说明了一些真相被隐瞒。我想起了伯恩海姆曾给一些病人做催眠这件事。在他给病人们进行“催眠分析”时,他问他们的动机是什么。但他得到的答案并不是预料中的“我也不知道”,而是一个漏洞百出的理由。

现在，这位女士的所为就与这件事有些相似。非常明显的是，她在清醒的情况下，情不自禁地编造了一个无法实现的愿望。而她的梦也同样表明了愿望的无法实现。可是，她为什么会这样做呢？

我所得到的资料是无法对这个梦进行正确解析的。经过我的努力，她终于告诉了我她故意遗漏的这些内容：前些天，她去看望了一位女友。由于她丈夫经常赞美她的这位朋友，所以她起了嫉妒之心。当她发现这位朋友消瘦了好多时，她的心才踏实了一些，因为她的丈夫比较喜欢那种丰满的女人。而且，她的这位朋友还对她说："我现在太瘦了，很想变得胖一些。你何时能再请我吃饭呢？你做的饭永远都那么好吃！"

到了现在，我终于可以对这个梦做出合理的解释了。于是我告诉这个女病人："在你的那位朋友要求你请她吃饭的时候，你就已经有拒绝她的想法了。因为你害怕她万一变胖了，会对你产生不利。因此，你的这个梦是你并不想做晚餐，以达到不让那位朋友长胖的目的。你刚才不是也说你丈夫不去参加宴会的目的是为了减肥吗？所以你一定赞同这个'吃别人家的饭会让人变胖'的观点。现在，我的解释还算合情合理吧！"等等！我遗漏了"熏鲑鱼"，它又是什么意义呢？于是我又问这位女士在她的晚饭里，为什么会有熏鲑鱼呢？她回答说："熏鲑鱼是我那位朋友最喜爱的美味佳肴。"这时我才想到我也认识她所说的这个人。确实，这位女士俭朴到不舍得自己做熏鲑鱼的情形就像这位女病人不想花钱买鱼子酱一样。

对于这个梦，如果再增添一些附加的细节，我还会得到另外一个更恰当的解释，而且它不与刚才的解释相矛盾，会更加全面地反映这个梦的意义，还会通过它使人了解大多数情况下形成心理病症所具备的特性。从上面的梦例中，这个女病人的梦里没有实现其愿望的同时，她在日常的生活里也没有实现想吃鱼子酱的愿望，而她的那个想要长胖的朋友，在她的梦里是永远也不会胖起来的，这一点我们都可以理解。所以，她应该梦见的是有关鱼子酱的愿望无法实现。这样一来，我们就会得到一个新的解释——在梦中，她的朋友取代了她自己，从而使愿望不能实现。这句话如果用心理学理论来解释的话，就是指她把自己“等同”了她的那位朋友。

这里需要解释一下，什么是癔症的等同作用。等同作用在癔症病症的机制里是一个极为重要的因素，它不但可以让患者在病症里表达自己的体验，还可以表达其他很多人的体验。这些患者似乎可以感受到别人的痛苦，而他自己也可以扮演多个角色。有人认为这只是相似的癔症模仿，也就是说癔症患者可以模仿别人显露出来的并引起其注意的任何症状，而且很可能增强至重现的程度。但是这只是向我们表明了癔症模仿的精神过程所遵循的规则，可规则本身并不是一种精神活动。精神活动远比癔症模仿的普遍特性复杂，它相当于一种经过推理而得出的潜意识。这里我列举一个例子加以说明。比如一个患有特殊抽搐症的癔症女患者和其他一些病人在同一个病房里居住，有一个专门的医生为她治疗。一天早晨，当这个医生发现其他病人也在模仿这种癔症性抽搐时，他一定会不以为怪，他会认为这是一种精神感应，其他病人在看到这个症状后而进行一种模仿。这个观点是正确的，它是按照以下的途径产生的。通常情况下，病人之间的相互了解要比医生对病人的了解还要多。当医生察看完病房之后，病人们就相互询问。也许某一天其中一个病人犯病了，其他的病人就会认为这次犯病是由于一封家书或是一段不快的回忆而引起的。于是她们的同情心被唤醒了，并在潜意识里会想到：如果这样的原因就可以使这种病发作，那我也是无法避免的，因为我也有类似的情况。这个想法如果进一步深入到意识中，就会产生对这种发作的恐惧心理。但事实上，这个想法是在一个不同的精神领域中发生的，其结果是真正产生了那些令人畏惧的症状。

因此，等同作用并非单纯的模仿，它是建立在同情之上的一种同化作用。它所表现出来的相似性，来自于潜意识中存在的某些共同元素。

癔症症状中的“等同作用”通常特别应用于与性有关的方面。患有这种病症的女性患者常常把自己等同于与其发生过性行为的男性，有时还会把自己视为曾经和她的丈夫或是情夫有着不正当关系的女性。我们经常形容爱情的话，诸如“永结同心”、“心心相印”等等也证实了这种等同的趋向。在歇斯底里的想象中或是梦境里，一个人通常只要联想到性关系（这种关系还不一定确实发生过），就能够非常自然地形成等同作用。前面我们所说的女患者，只是按照本人的癔症幻想，由于对朋友的妒忌（她自始至终都否认这些解释），就在梦中把自己等同于她的朋友了，从而也等同了她所编造出来的愿望否定的症状。我们可以作进一步的解释：在梦里她替代了朋友，原因就是她的朋友夺走了她丈夫的欢心，而自己又急切地希望能够重新取得丈夫对她的宠爱①。

---

① 我确实地感到把这段有关癔症的症状添加在这一部分里进行探讨是不恰当的。因为这只是只言片语的叙述，根本无法作为一个系统的案例来予以解释，但我由衷地希望这些内容可以有助于读者们更好地了解梦与心理病患者之间存在的紧密联系。

我的另一位病人也是一个非常聪慧的女人，也做了一个不符合我的理论的梦。同样，我也是使用“表面的愿望”并未实现，却实现了另一个“隐含的意愿”的方法使她信服。有一次在我对她讲“梦是愿望的实现”后，第二天，她就对我说她梦见了她和她的婆婆在一起到郊外消夏。平时她非常反感婆婆，可梦里她却和婆婆一起消夏。我还听说她租了一间房子，而这座房子离她婆婆消夏的地方很远。从这个梦的显意来看，它又与我的理论相反，但这能够证明我的理论是完全荒谬的吗？对这个梦进行解析后，结果确实是我错了。其实，我的错误正是她这个梦所希望实现的愿望，从这个梦里她得到了满足。她这样强烈地希望我出错，只是因为在我给她治疗心理疾病的期间，她总是隐瞒一些事情。我通过细心的分析后断定某些事情一定发生过，并且与她的病有着直接的联系。我一再追问，她终于承认了我的断言是正确无误的。所以，在心里她就产生了希望我会出错的念头，于是她就把这个愿望转移到梦里，从而产生了和她的婆婆一起消夏这样一个荒诞的梦。

下面我再举一个例子。这次我只用假设的方法，而不用深入的分析就可以得到解释。我有一个做律师的朋友，他同时也是我同窗八年的同学。在一次同学聚会时，他听说了我的这些理论，回家后竟做了一个梦，梦的内容是他接的所有案件都以败诉而告终。后来他以此来驳斥我的理论。我间接地回应他说：“就算一个顶级的律师也不可能在每个案件都会赢吧！”我们在一起上学时，我始终是班里的佼佼者，而他只是一个中等生。因此，他心里会不会产生某一天我也变得很一般的想法呢？

我的另一个病人告诉我一个令人悲伤的梦，想以此来反对“梦是愿望的实现”这个观点。

这个病人是一个年轻的女士，她说：“你大概不会忘记，我的姐姐有一个男孩，他叫克尔。在我还和姐姐一起居住时，她就失去了她的大儿子奥托。我非常喜欢奥托，因为是我把他带大的。当然，我也很喜欢小克尔，但他比不上已经死去的奥托。可是我昨夜梦到克尔死在我的面前，他躺在一个小棺材里，两只小手交叉地放在胸前，棺材的四周都点着蜡烛——这与奥托死时的情景一样，他的死让我很难过。你能告诉我这是什么意思吗？难道我希望我的姐姐失去她唯一的儿子吗？这个梦是否说明我情愿小克尔死去，而不是我疼爱的奥托呢？”听完她的述说，我向她保证后面的这种解释是不可能的。思考片刻后，我就可以正确地解释这个梦了，而且她也认同了我的解析。我能做到这一点是因为我非常了解她的过去。

这位女士在早年就成了孤儿，比她大很多的姐姐把她抚养长大。在一些去过她家的朋友中，有一个男子给她留下了极为深刻的印象，甚至有一段时间里他们几乎就要结婚了。可是她的姐姐却破坏了这个美满的结局，而且没有说明任何理由。自从好事被毁坏之后，那个男子再也没有找过她。于是这位女士又把情感转移到小奥托身上。奥托死去不久，她就离开了姐姐开始独立生活了。但此时她依然没有摆脱对那个男子的感情，她的自尊心又让她尽量躲开他。尽管后来也有些人向她求婚，她却怎样也无法转移她的爱情。她心里的那个男子是一个文学教授，每当他作学术演讲时，她都要到场聆听，而且她也从不放弃任何一个远远看到他的机会。我记得前天她还对我说那个教授要去参加一个专场音乐会，她也很想去看看他。那个音乐会就在今天举行，而前一天她就做了这个梦。因此，我可以比较容易得出正确的解释了。接着我问她是否可以回想起奥托死后所发生的什么事情。她立刻回答道：“教授在隔了很长一段时间后终于又来看望我们了，而且还在奥托的棺材旁边站了一会儿。”她的回答与我所料想的一样，于是我解释了这个梦：“假如克尔也死去了，就会发生同样的事。你将成天陪在姐姐的身边，教授一定会来吊慰，而你就可以在相同的情况下再次看到他了。这个梦的意思就是你想再次看到教授，同时它也是你心里最为强烈的一个愿望。我知道你已经得到了一张今天的音乐会门票，但你的梦却等不及了，它使你提前几个小时看到了他。”

为了掩饰她的愿望，她竟然选择了一个压制这种愿望的情形，在这种情况下，人的心里充满了哀伤，哪里会联想到爱情呢？但这个梦还是把真实的场景展现出来了：她站在自己深深喜爱的奥托的棺材旁边，内心却激荡着对那许久不见的教授的浓浓深情。

下面这个梦是另外一个女病人所做的一个非常类似的梦，但我却对它作出了另一种解释。这个女病人在年轻时非常聪明，为人乐观，在治疗过程中所进行的自由联想仍可以发现她的这些特点。她的这个梦很长，梦里她似乎看到自己那已经 15 岁的女儿死了，躺在一个“木箱”里。她想用这个梦来反驳我的观点，尽管她也在暗自怀疑那个“木箱”必定另有文章。在分析的过程中，她首先记起了头一天晚上的茶会，当时有一些人在谈论“木箱”这个英文单词在翻译成德语后的几个意思，如“柜子”、“包间”、“茶盒”和“掌掴”等。这个梦的其他部分使我发现她已经意识到“木箱”这个词与德语的“Büches”（容器）有关，而“Büches”这个词有个猥亵的意思是指“女性的生殖器”。她原来学过一些局部解剖学的知识，因此那个躺在木箱中的小孩也就意味着子宫里的胚胎。说到这里，她也不再否认这个梦确实符合她的一个愿望。如同许多结过婚的年轻女士一样，她们并不为自己怀孕而感到欣喜，甚至不止一次地希望自己腹中的小生命死去。有一次她和丈夫激烈地争吵起来，事后她愤怒地用拳头猛击自己的腹部，想以此来打击腹中的胎儿。因此这个梦就满足了她的这一愿望，只是这个愿望被封闭了 15 个年头。一个愿望经过了如此漫长的一段时间后才得到实现，但这并不新鲜，毕竟这期间可能又会发生许多别的事情。

以上的两个梦例都是关于亲人死亡的，在后面的“典型的梦”一节里我还会对这种梦进行深入地讨论。

有一个年纪不大的医生十分赞同我对那些梦的分析，因此也使用这种分析方法解析了他昨夜里做的梦。在他做这个梦的前一天，他在税表上填了他的工资数额，因为他的工资不多，所以他如实地填了那个税表。但他却梦到他的一个朋友向他透露税务机关的人认为他少报了工资数额并且逃税，而要重罚他。这个梦实际上也是经过伪装的，这位年轻医生的最大愿望就是希望自己会成为一位收入丰厚的医师。这件事让我想起了一个故事：有个小姐深深地爱上了一个小伙子，她身边的人都劝她一定要慎重，千万别嫁给脾气暴躁的男人，否则婚后会受罪的。小姐坚决不听劝告，她喊道：“我情愿受罪!”这则故事里的小姐对婚姻的向往实在是太强烈了，以至于使她把“受罪”也当成她的愿望了。

上面的那些梦都属于那种从表面上看与我的理论相反的例子，因为它们都含有“愿望的否认”或“隐藏的忧患”等内容。如果我们把这些梦都称为“逆愿望的梦”，我可以从中总结出两个规律。第一个规律在我们日常生活中是经常出现的，对于这个规律，我们在下文再进行讨论。这里我先讲第二个规律——这些梦都有“希望我弄错了”的动机。在给心理病人治疗的过程中，如果他们有“抵抗”的心理，那他们的梦里就会出现类似的内容。

在我首次向病人说明梦是愿望的实现这一观点后，我敢肯定这种反愿望的梦一定会出现，本书的读者也可能做这样类似的梦。如果他们一心希望“我是错的”这个愿望能够实现，他们就很可能会梦到这种反愿望的梦。

现在我们来讨论刚才我提到的第一个规律。有些人的性本质里或多或少地存在一种“施虐倾向”，还有由这种倾向转变而成的“受虐倾向”。如果他们不是通过肉体上的痛苦来满足自我，而是通过一种谦卑、受辱的自我牺牲的方式来得到这种满足感，那么这就是典型的“受虐症”。由此推理，这种人的梦很可能都是“逆愿望”的梦。但对他们自己而言，这恰恰是他们内心里急切盼望的一种愿望。这个愿望通过梦得以实现，并满足了他们的受虐意向。这里我列举一个梦：一个男人在小时候对他的哥哥百般折磨，其实他心里对哥哥有种近似于同性恋般的喜爱。当他长大后，他非常后悔过去的行为，并且已经改过自新。有一天，他做了一个梦，这个梦有以下三个内容：①他的哥哥在欺负他；②有两个同性恋的男人在相互爱抚；③未经他的同意，他的哥哥就把他名下的公司卖掉了。当他梦到第三个内容时，他因非常痛苦而惊醒了。这个梦实际上正是一个受虐者满足自我愿望的梦。下面是我做的解释：假如我的哥哥真的像梦中说的那样对待我，那我就会有一种赎罪感，这是对我哥哥的补偿！

在没有新的反对意见提出之前，我仅用上面的内容就可以证明这个令人痛苦的梦仍然可解析为“愿望的实现”。（这只是初步的探讨，在以后的章节里我还会继续对这个问题进行讨论。）这句话的意思并不是说我们在解析梦的过程中发现的所有愿望，都是日常生活里让我们厌烦的事。梦里所出现的一些令人不快的感受，正如平日里那些令人厌烦的事一旦发生时，我们所表现出的感受。这是在揭开梦的面纱之前我们所必须克服的困难，当然这些令人痛苦的梦里不是没有愿望的存在。我们每个人的心里都有一些自己不愿透漏的愿望，有时别人看破了我们的心思说出这些秘密时，我们甚至还会矢口否认。这一点使我觉得我们可以把梦里出现的不快和梦的改装结合在一起进行分析，从而可以这样结论——梦之所以会被改装是由于梦里所反映的愿望在平日里就被自我意识强烈地压制着。因此，从梦的表面来看，这个被压抑的愿望没有得到实现。我们也可以把梦的改装比成一种审查制度，从这些令人不快的内容的分析结果里，我们可以得到下面这个公式："梦是（被压制的）愿望的（经过改装的）实现"。值得一提的是，有一种梦很类似于这种"痛苦的梦"，它可以称为"忧虑的梦"。如果这种梦也属于"愿望的实现"，想必会让那些根本不懂这套理论的人更加难以接受。

我可以简略地讲一讲这种令人忧虑的梦。这种梦是通过梦的形式来表现令人忧虑的内容，它实际上并不属于"梦的解析"这个范围之内。我们在这样的梦里会感到忧虑，而这种感受正是由梦里的那些令人忧虑的内容所引起的。我们如果对这样的梦进行一番解释，就会发现它是由平日里的某种意念引发的，就像那些恐惧症患者所产生的忧虑一样。比如：人们都知道从窗口掉下去的可能性确实存在，所以我们在靠近窗口时都很谨慎。但是对于恐惧症患者来说，他们往往会对窗口表现出强烈而且持续的恐惧，这种恐惧远远大于正常人对此所表现出的谨慎。这个关于恐惧症的解释在“忧虑的梦”中也同样适用，因为它们的本质都一样——对一种事物或观念的忧虑。

因为梦中的焦虑感和神经症中的焦虑有着如此紧密的关联，所以我在讨论前者时就必须提及后者。在我的一篇名为“论焦虑神经症”的论文里，我强调神经症的焦虑主要是缘于性生活，而且它相当于一种脱离自身目的而又无所适从的性欲。这篇论文发表以来，我的论断经历了时间的考验。现在我可以由此得出推理：焦虑的梦也带有性的内容，而且梦中原本属于性内容的性欲已经转变成了焦虑。在深入探讨梦理论的过程中，我还会提到焦虑梦的决定因素，同时我将说明它与愿望的实现这一理论是相容的。

第二章　梦的材料与来源

在这一章里，我并不准备对过去一些学者发现的梦与清醒状态的联系，以及梦的材料及其来源等理论进行复述。下面我将论述一下梦中记忆材料所具有的三个特点。许多学者曾经提到过这些，但从未有人对此做过透彻的阐释。

1. 梦的内容多是最近发生的，并且给人留下的印象较深的一些事。

2. 梦所选择的材料都是一些无关紧要的小事，这完全不同于人在清醒状态时选择记忆的规律。

3. 梦的记忆材料为儿时的早期印象所制约。对于儿时所发生过的一些小事，我们早已遗忘，梦却又把它重新拾起。

尽管过去的一些学者对梦中材料的选择问题提出了种种不同的观点，但它们全部是以“梦的显意”为基础的。

第一节　梦中材料的最近原则和琐事原则

如果你问我“梦里出现的那些情景究竟是怎样来的呢”，我会以自己的经验立刻做出回答，“它们源自这个梦的前一天里所经历的事”。因此，我在对一个梦进行解析之前，通常先会问他在做这个梦的前一天里所发生的事情，然后看这些事与这个梦有什么联系。这个方法对大部分的梦例都很适用。在前文里根据我们所分析的伊玛和我的叔叔这两个梦例，我们就可以发现它们都与前一天所发生的事紧密相连。我将把我的一些梦的笔记呈现给读者，以此来证实这个结论的正确性。下面的内容是我记录的一些梦以及它们各自的来源：

1. 我去看望了一位非常讨厌我的朋友，可同时却让一位女士苦等着我。

来源：晚上的时候，我和一位女亲戚在一起，并且她对我说她一定要等到那笔急需的钱汇到她的账户，就算……

2. 我梦到我写了一本关于植物的著作。

来源：那天早晨，我曾在一个书店橱窗里见到一本樱草属植物学方面的书。

3. 我梦到一个母亲和她的女儿在大街上行走，她的女儿正好是我的一个病人。

来源：那天晚上，我的一位女病人对我说她的母亲反对她继续在我这儿进行治疗。

4. 我在 S&R 书店订阅了一份杂志，这本杂志的全年订费是 20 佛罗林①。

来源：前一天我妻子向我索要每周都要给她的 20 佛罗林。

5. 我收到一封来自社会民主委员会的信，信里称我为会员。

来源：我当天收到一封自由选举委员会的来信，还有人文学会委员会的主席也给我寄了封信。我确实加入了后者。

---

① 佛罗林：一种英国银币，等于 2 先令。

6. 有个男人沿着海里的峭壁走了上来，就如比克林一般轻松自如。

来源：《妖岛》这本书上的德利佛斯，还有我在英国的几位亲戚对我说的一些事情。

说到这里，你也许会问这样的问题："难道梦只是由当天的或是最近几天中的一些事情引发的吗？"这个问题当然不是至关重要的，但我想对当天所发生的事与梦之间的关系进行一番解释。只要发现我的一些梦所反映的内容是两三天前发生的，我就对这些梦进行认真的分析。结果我发现尽管这些梦源自于两三天前所发生的事，但在做这些梦的前一天我对这些事进行了回想；也就是说，我的回忆促使了这些梦的形成。最近所发生的一些事，确实使我想起了一些往事，因此我的梦中出现了以前发生过的事。

我确信所有的梦都源自"入睡前的一些所作所为"。那些很久以前发生过的事，其实与最近几天里所发生的事一样（做梦的当天不包括在内），都会成为梦的内容。如果一些很早以前发生过的事给人留下的印象，与做梦当天的某些经历（最近的一些的印象）有所关联，那么，梦的内容就会是人们一生任何时段中所发生过的事情。

梦为何如此重视最近的印象呢？如果对上面列举的某个梦例更加详细地分析，或许我们可以得到某种假设。

第二节　梦的儿时经历来源

通过对大量实例的分析，综合其他学者（不包括罗伯特［1886］这篇文献在内）在这一方面所做的工作，我们发现梦的第三个特点——梦的内容有时会是我们早已忘却了的儿时的经历。从这样的梦里醒过来之后，我们根本不可能把梦中出现的所有情景完全记清楚，因此也就无法知道这种类型的梦所发生的频率。我们要想证明儿时的经历，就必须有客观的、合乎情理的证据。在日常的生活中，类似的梦例实在是太少了。莫里曾说过一个非常经典的梦例。这个梦是：一个在外漂泊了二十多年的人想要返回他的家乡，就在临走的那晚，他梦到自己在一个完全陌生的地方正和一个陌生的人交谈。当回到家乡后，他才发现梦中的那个陌生地方正是他的家乡，而那个陌生人正是他已经去世的父亲的一位健在的至交，他还在当地居住。这个梦清晰地重现了他儿时的一些经历。当然，这个梦更可以反映出他的思乡心切。这个梦应该理解为一种急切的梦，就像那些将要去看音乐会的姑娘所做的梦，还有将要和她的爸爸一起去旅游的小女孩所做的梦一样，它们都非常直白。可是，做这些梦的动机是什么呢？如果不经过解析，真相是无法得知的。

有一种“经常显现”的梦，可以不通过解析就能知道它的缘由。比如儿时做过的梦，到了成年后仍会浮现在梦里。虽然我没有做过这样的梦，但我的手边却有一些这样的梦例。一个已经三十多岁的医生，曾对我说他从小的时候一直到现在，经常会梦见一只黄狮子，而且可以详尽地描绘出梦中的情形。后来他找到了一个早已被他淡忘的瓷狮子，他的母亲告诉他这个瓷狮子正是他儿时最喜爱的玩具，但他对此早已毫无印象了。

通过对此类梦例的解析，我们会发现引起这些梦的愿望及其他的实现均源自儿时的一些经历。所以，令我们惊奇的是：在梦中，那段早已远逝的儿时岁月以及当时的所有冲动依然存在着。

我们来重新讨论那个以前提到的很有意思的梦——“梦中我的朋友R先生变成了我的叔叔”。当时我对这个梦的解析结果是我被晋升的愿望得以实现，在梦里我对R的那种特别的情感被解释成因为我诋毁了两位同事而表现出来的反驳。梦是我本人的一个梦，而我对这样的解析结果不甚满意，所以打算进行更深入的解析。尽管我在梦中对两位同事进行如此的诋毁，但现实中我对他们的评价却很高，而且我认为自己对这晋升的态度并没有达到那种做梦都要惦记的热切程度。假如我真有这样的“上进之心”，这是种失常的野心，早就该为此感到羞耻和不安。当然，这只是我自己的观点，也许别人会认为我正是这种富有野心的人吧！就算我是一个有野心的人，这样一个“副教授”的头衔会使我满足吗？

可是，这份野心确实在我的梦中表现出来了，它到底是怎么来的呢？我想到了一件儿时经常听到的事：在母亲生我（我是母亲生的第一个孩子）的那天，一位老婆婆曾对母亲说：“你的这个孩子将来一定能成为世上杰出的人物。”听到这样的话，再加上一些亲戚的附和，母亲高兴极了。我想，那位老婆婆一定是因为自己没有这样的福气，于是就把她的希冀倾注在新生儿的身上，于是对母亲说了这些恭维的话吧！可是这几句世俗的话语就能成为我那“野心”的渊源吗？我突然又想起一件事来，它发生在我的孩童时期，也许它更具有说服力吧。那时我大概有十一二岁，我们一家还在布拉特①居住。有天晚上，全家到常去的一家饭馆吃饭。当时饭馆里有一个贫困潦倒的诗人，他能按照你出的题目即时作诗，以此讨要糊口的饭钱。当时他正挨着饭

---

① 维也纳郊外的一个公园。

桌讨钱，父亲让我去把他叫来给我们作首诗。可是在父亲还未出题目之前，他就主动为我作了一首小诗，并且说我将来一定能当上部长级以上的大官。直到现在，我还记得听到这些话时的那股得意劲儿。几天前父亲带回来几个已经出了名的大学同学的肖像，并挂在客厅里为我们的门厅生辉。在这些出了名的人物里也包括几个犹太人。也许就是由于这件事，我在入大学前的最后一刻才从法律改成了医学。毕竟一个学医的人是永远不会当上部长的。现在，我们回到这个梦上来，就会了解到我目前这样枯燥的日子与那“部长的日子”之间的天壤之别，正是因为我欠缺这种“年轻时的野心”。至于那两位我素来敬佩的同事，正是因为他们都是犹太人，所以我在梦中以“呆子”、“罪犯”来诋毁他们。这种情形就好像我是一个高高在上、手握大权的部长。也许是因为部长没有升我的职，所以我就在这个梦里扮演了这个“部长”的角色，并且做了这些荒唐的事！

经过对梦的深入分析，我们就会发现有许多梦的材料是儿时经历，在梦的隐意起源里占有一定的地位。

前面已经提到过，我们记忆里的那些以往的经历是不可能完完全全、毫无变化地呈现在梦中的。但这样的反例也确实存在。这里我可以举一个梦例：我的一个病人曾对我说了一个稍稍被改装了的梦。这个梦确实是对他所记忆的事情的真实再现，而且在他醒觉之后对此事的记忆仍没有消逝，只是变得稍微模糊了一点。在解析这个梦的时候，他很快可以清晰地回忆起每一个细节——那年他 12 岁，有一回他去医院看望一位生病的同学。当时他的同学正在床上躺着，在翻身的时候不小心暴露了生殖器。我的这个病人当时在突如其来的性冲动之下，竟把自己的生殖器也掏了出来，同时还抓住了那个同学的生殖器。这使当时在场的其他同学都以惊讶、鄙夷的眼神看着他，而他本人也感到非常难堪。事后他就拼命地想忘记这件事。可没想到在经过了二十多年后，那场景又在梦中出现了，但这回稍稍做了些改变——他从主动者变成了被动者，而且那生病的同学也置换成他现在的一位朋友。

在一般情况下，儿时的经历会隐秘地显现于梦的显意之中，通过仔细地分析后它才会露出真正的面目。但对这种类型的梦进行印证是很难令人信服的，原因是没有任何证据可以证明这些儿时经历的真实性。这种很早以前所发生过的事在记忆里早就变得模糊不清了。所以，“儿时印象在梦中重现”这一结论只能通过资料的收集及其分析的结果加以相互印证来证实。在我对梦进行解析的过程中，所列举的梦例脱离了前后关系，特别是我有时没有把可供分析的材料全部列举出来。这样的做法令很多人疑惑不解，多举一些梦例是非常必要的。

一个男人做了这个梦：

他看到两个小男孩在一起厮打。从四周的环境来看，他们似乎是桶匠的儿子。其中一个比较弱小的男孩在耳朵上戴着蓝石头做的耳环，在另一个男孩把他摔倒在地后，他马上捡起一根棍子来还击。当他爬起来的时候，他的对手已经逃走，躲在一个站在栅栏旁边的女人的身后。这个女人看上去像是他的母亲，实际上她是一个零工的妻子。这个女人开始背对着梦者本人，后来转过头用一种恐怖的神色盯着梦者，最后梦者被吓跑了。他记得那女人的下眼睑呈红色并且向外突出。

这个梦里有许多内容是梦者在当天所经历的零碎小事。那天他在街上看见两个小孩打架，其中一个被摔倒在地上，于是他走上去想拉开他们，可那两个小孩却跑开了。

分析：

1. “桶匠的儿子”：起初我并不明白这句话的意思，直到后来对他别的梦进行分析时引用了一句谚语，这才得到了合理的解释。这句谚语是：捅破桶底一直到底（英文意思是“找到差错”）。

2. “戴着蓝石头做的耳环”：梦者本人解释说他的印象中这一般是妓女的装束。从而使人想到一个关于两个小男孩的打油诗：另一个男孩叫玛丽。这就是说那个被摔到的小孩其实是个女孩。

3. “一个站在栅栏旁边的女人”：在两个小孩跑掉以后，他沿着多瑙河边散步。当左右无人的时候，他在一道栅栏旁小便。在他完事不久之后，迎面走来一个文雅高贵但上了年纪的女士，她热情地向他致意并给了他一张名片。梦中那个女人所站的地方正是他小便的地方，因此这就涉及“女人小便”的问题。通过“女人小便”这个问题，才能够解释下面的第 4 条。

4. “恐怖的神色”和“呈红色并且向外突出”：其实就是女人在小便时的生殖器的样子。

另外，还有他孩提时代的两件事与这个梦有关：有一次是他看到一个摔倒在地的女孩；另一次他看见一个女孩在小便。这两件事里他都看到了女孩的生殖器。他还由此联想起来一件事：因为他对此特别好奇，他的父亲曾严厉地责罚过他。

我再列举一个老妇人的梦，这个梦是由一些儿时的经历和一些荒诞的想象复合在一起的。

她急匆匆地出去采购。当走到格拉本大街的时候，她突然全身瘫软摔倒，双膝无力，怎么也站不起来。周围有许多人（其中有好多是出租车司机）在看热闹，但没有一个肯扶她一下。她试了好几次想要站起来，但终归徒劳。最终她好像还是站起来了，一辆出租车把她带回了家。当她刚进这辆车的时候，从车的后窗扔进来一个沉重的篮子，那篮子看上去像是购物用的。

这个老妇人幼时胆子很小，因此她做过的梦多是些噩梦。

分析：

1. “全身瘫软摔倒在地”：这也许是从马背上摔下来的情形。因为她小的时候也很爱玩“骑马”的游戏，当成年以后她还是很爱骑马。她还想起了另外一件事：童年时，她家看门老头的 17 岁儿子由于癫痫病发作摔倒在大街上，后来被人用车送回了家。她当时并没有目睹这一切，但“癫痫病发作摔倒在地”的印象却在心目中留下了不可磨灭的痕迹，并且对她在以后患上癔症有很大的影响。一般情况下，女性梦到摔倒多半是意味着“性”的，这也就意味着在梦里她变成了一个“堕落的女人”。梦里的一些内容可以说明这一点：她当时是在格拉本大街摔倒的，而这个地方正是维也纳有名的“红灯区”。

2. “购物用的篮子”：德语里“购物篮”（Korb）还有“拒绝、冷落”的意思，这一点使她想起在年轻时，她曾对她的求婚者予以多次的拒绝和冷落。这与她梦中的“……看热闹……没有一个人肯帮她”相关联，她本人对此也解释为“受人冷落”。“购物用的篮子”也许还有两个不同的含义：第一个是在幻想中她认为是由于别人鄙视她而使她错嫁了一个穷鬼，以至于现在要亲自到市场里卖东西；第二个则是佣人的象征。在她 12 岁那年，家里的一个女厨师由于偷窃而被解雇，当时这个女人跪在地上哀求宽恕。还有一次，有个女佣人因为与家里的车夫私通被解雇了，但后来这个车夫还是娶了她。这件事也许与梦里的“有好多是司机”有些联系（但是这个车夫与现实中相反，并没有帮助堕落的女人）。

3. “从车的后窗扔进来……”：我尝试着解释这句话的意思，我可以联想到铁路装卸工的工作方式；还有本地的民俗——“越窗示爱”①。但梦者本人却有一些关于“窗口”的记忆：有一年她外出避暑，有个男人把一束青梅花丢进她住的房间；她的妹妹也曾因为有个傻子在窗外偷窥而惊恐万分。经过这些回想，她又记起了一件事：在她 10 岁那年，她的保姆与家里的一个男佣人发生越轨行为（这种行为连她这个小女孩都能看得出来），然后两个人都被赶出了家门（在梦里所表现的是相反的“扔进来”）。而且在维也纳，佣人的行李有种蔑称叫“七个梅子”，人们在发怒时会这样说：“拿着你的‘七个梅子’快滚吧!”

以上的两个例子都是一些有心理疾病的人的梦，通过对这些梦的解析过程我们发现它们都与儿时的印象有关。而这些儿时的印象要么是记忆模糊，要么就是被完全忘记了的最初的经历。因为这些梦都是心理患者（特别是癔症患者）的梦，所以梦中出现的一些儿时的场景很可能由于病症的影响而变得不真实。我要是把这些梦的解析结果推广到所有梦例，想必是不会为人们所接受的。但从我对自己的梦进行分析的结果来看（我想我的心理还是比较正常的），在梦的隐意里的确包含着儿时的某些经历，而且这儿时的经历可以把整个梦都反映

① 以前在德国森林地区，男子向女子求婚时需登着梯子爬到恋人的窗口，然后进入她的房间里向她示爱。但这种民俗现在已不再盛行了。

出来。

从解析梦的经验中，我发现这样一个事实：一个表面上可以完全解释的梦，通过联想竟可以追溯到遥远的儿时，可以轻而易举地发现这些梦的来源极其富有刺激的愿望。我一再自问，这个特性是不是构成梦的先决性条件呢？如果这种观点可以成立，那就表明任何一个梦的显意都与梦者最近的经历相关，而梦的隐意则与早期的经历相关。实际上，在癔症的分析过程中，我就已经发现那些早期的经历仍然持续到现在，并且没有发生任何改变。

这一章的开头，我提出了梦中记忆的三个特点：其中一个是“梦里的内容大部分是一些无关紧要的小事”，这一点我们把它归结为“梦的改装”从而得到了令人满意的解释。另两个特点分别是：“梦的内容多是最近的印象”和“梦受制于儿时的早期印象”。对于这两个特点，很难通过做梦的动机对它们做出合理的解释，所以我们先给它们画上两个问号。当讨论“入眠时的心理状态”或“精神的结构”等问题时，我们再对它们进行透彻的分析和检验。那时我们就会发现梦的解析就像是一个可以窥视心灵结构的“透视仪”。

我想强调一下通过对这些梦例的分析得出的另一个结论——“梦的意义‘通常’不止一个”。它的意思不仅是在上面的那些梦例中表现出了好几个愿望的实现；另外很可能指梦的意义或愿望的实现可以彼此重叠和遮掩，这就需要更加深入的分析，唯有如此才能发现那个极其隐秘的孩提时代的某种愿望的实现。也许有人会问：“这段开头的那个‘通常’如果用‘肯定’来替代是否会更恰当一些？”（在梦的解析过程中，最微妙也是最有价值的发现就是“梦的分层排列意义”。如果忽略了分层探讨的重要性，就无法发现梦的本质。但是这方面的研究还不完善，迄今为止，只有奥托·兰克曾对泌尿系统受到刺激而引起的梦的分层次作用进行了完备的研究。）

第三节 梦的身体方面来源

在让具有普通文化水平的人对梦的学问产生兴趣之前，我们最好先问他们一个问题："你认为梦的来源是什么？"一般情况下，他们多数都会最先想到："梦是由于'消化不良'（胃脏功能）、'睡觉的姿势'或者'睡眠时偶然发生了一些小事'等原因引起的。"他们甚至还认为梦的来源除了身体的因素外，再没有别的原因了。

我们都知道身体的刺激有三种类型：外界事物引起的感官刺激、主观感觉到的感官内部的兴奋状态以及内脏所引起的身体刺激。在梦的研究过程中，对梦的"精神来源"是否存在这个问题众说纷纭，有些学者对此不予重视或把它完全摈弃。但由于外界的作用因受人的感官所产生的刺激而产生的梦的"身体来源"却是客观存在的。不论是睡眠过程中偶发的刺激，还是人们在睡眠状态里身体的内部产生的刺激，都可以用实验来证实它们的存在及重要意义。主观感觉到的感官刺激能够通过梦中浮现的人在睡意蒙眬状态下的感官印象来得以证实；对于内脏系统所引起的刺激，尽管我们不能作出明确的证实，但是大家都知道由于消化系统、泌尿系统以及生殖系统所产生的兴奋刺激会对梦的内容形成一定的影响。从这一点来看，这种"身体来源"多少可以得到一些证实。

"身体刺激"和"神经刺激"一直都被认为是梦的身体来源，许多学者主张它们就是梦的唯一来源。可是我们对此却提出了质疑，因为已经发现的许多问题足以证明这种“身体刺激来源”理论的局限性。

主张这种理论的学者们对此深信不疑，特别是当人们提及偶然的、外界的神经刺激的时候，他们可以很轻松地找到梦的这种来源。尽管这样，他们还是得认同这样一个事实：单凭这种理论无法对梦中所包括的丰富的意念和内容作出彻底的、合理的解释。卡尔金（1893）曾就“梦与感官受到的外界刺激之间的关系”这一问题做过实验：在六周的时间里，她把自己的梦和另一个实验者的梦进行了统计，结果发现在她的梦里与外界刺激有关的只占13.2%，那个人的则是6.7%。在她收集的所有梦例中，与机体感觉因素有关的梦只有两个。根据自己的经验我早就对这个理论产生了怀疑，这些统计数字则更加深了我对它的怀疑。

有很多人把梦笼统地分为两种类型：一种是与上述的观点相符，认为梦是由“神经受到刺激”引发的；另一种则是由别的原因引发的。例如斯匹达（1882）就把梦分为源自“神经刺激”的梦和源自“联想”的梦。但是这种做法并不能使问题得到满意地解答，唯有确定了梦的身体来源与梦的隐意之间的联系后，我们才能找到真正的答案。

我对这个理论的怀疑除了上面提到的“梦的外界刺激来源并不常见”以外，还有一个难以解释的问题：“如果用这种理论来解释梦，它是否对所有的梦都适用呢?”这里请允许我再问两个由此推导而来的问题：第一，如果梦是由这种外界刺激引起的，那么梦中的这种刺激为什么不是显而易见的，而是相反的用一些别的事物来代替呢？第二，人的心灵对这种被误解的刺激所产生的反应，为什么是如此复杂多变呢？我们都知道史特姆贝尔（1877）对此所做的解释：他认为人们在睡眠状态下心灵与外界是完全隔离的，因此无法对来自外界的感官刺激作出合理的解释，所以就对这种模糊的刺激予以幻化。在他写的那本书《梦的性质及其来源》里，他有更详细的解释："在睡眠状态中，在外界或内部的神经刺激的作用下，会产生出一种感觉、或是一种情意综合（情结）、或是任何一种精神过程。在这种感觉的作用下，心灵就会感知并回忆起一些清醒状态下发生的事件和印象，于是以前的各种心理感受就会原原本本地（或是附加了某些精神意念）呈现于梦中的体验范围之内了。换句话说，就是由于神经受到了刺激引起心灵唤醒了一些影像记忆，从而使人们变得像清醒时一样，心灵就能够对这些刺激所产生出的意象作出'解释'。这种解释的最终结果，就是所谓的'源自神经刺激的梦'——它的组成部分是神经受到刺激而使心灵产生了某种精神效应，按照'重现原则'使某种过去的印象复现在梦中。"

冯特（1880）所主张的基本理论与上述理论完全相同。他认为梦的意念大多源自感官（特别是身体）的刺激，所以梦里出现的多是虚假的幻象——只利用很少一部分的真实记忆扩充成为幻觉的形式。

梦的"身体刺激来源"这个理论还有很多不足之处。通过观察我们发现，在我们刚开始做梦的时候，就算有"身体刺激"来影响我们，这个刺激也不一定会导致梦的形成。比如：我睡觉时感到有一个压力刺激，那么我对此做出的反应可能是多种多样的，我也可能根本不去理会它。当醒了以后，我才发现原来是大腿没有盖着被子，或是胳膊被压在了身下。也可能在睡眠的过程中始终在感受着一种刺激，就像人们常常会在睡眠时感到疼痛一样，但是我做的梦里并没有出现疼痛的内容。如果一种刺激太强烈的话，我很可能会醒来从而使这种刺激彻底消失。就算是某个神经刺激引起我做了一个梦，这个梦的产生还会有许多各种各样的原因。说“身体因素是梦的唯一来源”，那是自欺欺人！

在以上对“梦的身体来源”进行探讨的内容里，还没有出现过我通过梦的解析而得来的结论。现在有一种前所未有的研究梦的方法，通过它我们可以证实梦的本身具有一种精神活动的内在价值。愿望的实现是形成梦的原因，并且梦里最为显著的材料是前一天的生活经历。任何一种梦学理论中如果忽略了这种极为重要的研究方法，就会成为类似“身体因素是梦的唯一来源”的荒谬理论。否则（事实上，这个“否则”根本不存在），就会出现两种不同的梦：一种是我们刚才所列举的观察结果；另一种是由那些早年的学者们经过研究分析所得到的。为了彻底地消除疑问，我准备在自己的理论范围内，对那些所谓的“身体来源”的梦作出合理的解释。

在这方面我们已经成功地迈出了第一步，我们发现梦的工作有一个特点：它把同一时间里感受到的所有的梦的刺激复合成一个整体。我已经知道：当天的两个或更多的事件如果产生了深刻的印象，那么这些印象所表达的愿望就会在梦中合并为一个整体。同样，这些具有精神价值的印象也会和当天发生的一些无关紧要的事件（这些事件须与那些深刻的印象有一定的关联）复合在一起成为了梦的材料。因此，梦应该是睡眠状态下心灵对其感受到的所有事物的复合反应。目前，就我们对有关梦的资料的分析来看，我们发现这些材料是精神残余物和一些遗留的记忆的集合体。我们尽管无法当场对这些记忆的真实性进行验证，但都能感觉到这些记忆在精神上的真实性（它们中大多数都与最近或儿时的经历有关）。有了这些前提，我们就能比较容易地作出预测：睡眠时所受到的新刺激与那些原本就有的真实记忆复合在一起，会产生怎样的一个梦。这里需要强调的是，由于这些刺激是一种真实的身体感受，所以在梦的形成过程中，它们也具有一定的重要性。它们与其他活动着的精神印象结合在一起形成了梦的材料。也就是说，睡眠时的刺激当与我们的日间经历在心灵遗留下的精神残余物复合在一起的时候，才能构成我们所说的“愿望的实现”。但这种复合并不是一成不变的，因为我们对梦中所受到的刺激作出的反应是多种多样的。这种复合物一旦形成，我们就可以辨认出梦中内容的身体来源和精神来源。

但绝不要认为身体刺激与精神资料复合后可以使梦的本质发生改变，不管构成梦的内容的资料是如何表现出来的，梦的本质仍然是“愿望的实现”。

这里，我打算论述几种可能转变的外界刺激对梦的意义所产生的影响。梦的形成与梦者本人当时的生理状态有密切的关系。外界刺激的强度、个人的睡眠深度（经常性的或是偶然性的）以及个人对刺激的反应程度等因素能使不同的人受到不同程度的影响。比如有些人压抑住受到的外界刺激仍能够安然入睡，而有些人则会被惊醒，甚至还有些人设法把这种刺激作为梦的材料。由于这种差异性的存在，外界刺激对不同梦者产生影响的大小也是不同的。就我本人来说，我的睡眠向来很好，外界的任何刺激都很难使我受到干扰，所以这种由身体刺激而引发的兴奋很少会在我的梦中出现，而我的梦多数是由精神方面的刺激产生的。事实上，在我的记忆里，只有一个梦是来源于客观的、痛苦的身体刺激。通过这个梦，我们可以揭示外界的刺激对梦的特点会产生怎样的影响。

我骑在一匹灰色的马上，就像是在练习骑马那样小心谨慎。后来我偶遇到一位同事A先生，他骑着一匹佩着劣质饰品的马。他笔直地坐在马鞍上对我说了一件事（好像是在说我的马鞍很糟）。我突然间觉得我骑在这匹聪明的马的身上是那么悠闲自在。于是我完全摆脱了开始时的那份谨慎，越骑越觉得舒服，越来越觉得娴熟。我的马鞍其实是一种涂料，从马颈到马的臀部都涂满了这种涂料。我正好骑着它走到两辆篷车的中间，于是我就想尽快地超过它们。当进入了市区并骑马走了一会儿后，我调转马头想下马休息。我本来想停在那座面朝大街的教堂前，但却在离它很近的另一座教堂前停了下来。旅店也在这条街上，我完全可以让马自己跑到那里，可还是想牵着它一起走过去。不知道为什么，我突然间觉得要是我骑马走到那旅店的门前是很丢脸的事情。到了旅店门前，有一个童工向我打招呼，并且用一张便笺上的内容跟我开玩笑。那上面写着“不想吃饭”（而且底下用双线标注）和“不想上班”（比较模糊不清）。这时我才猛然意识到这个小镇对我来说是完全陌生的，我在这里没有工作。

很明显，这个梦源自于痛感所引起的影响。在前一天，我因生了疔疮而感到非常痛苦。后来在我的阴囊基部发现了一个苹果大小的疖子，正是它让我每走一步都会感到难以忍受的疼痛。我还发烧、疲累、没有食欲，再加上工作上的压力，我整个人都垮了。在这样的情况下，我想自己还是能够继续医疗工作，但是有一件事我是肯定不能做的——骑马。正是“骑马”这项运动使我做了这个梦，它是对客观存在的疼痛最有力的一种否定形式。但我并不会骑马，以前也没有做过关于骑马的梦。至今我只骑过一次马。另外，骑没有坐鞍的马是我更不喜欢的。可我却梦到了自己在骑马，就好像我的阴囊根本没有疖子似的。换句话说，我之所以骑马，是我想象着自己并没有生疥疮。从这个梦的表述里，我们可以推测出那马背上的涂料指的是能使我减轻痛感的药膏。也许正是这药的作用使我在开始的几个小时里睡得很安稳。后来疼痛不断加剧并几乎使我惊醒，所以这个梦就出现了，并且安慰着我："好好睡吧，这些痛感没什么了不起的。你还能骑马呢，所以你根本没有什么疥疮。因为在那里生有疥疮的人是绝对骑不了马的。"于是，这个梦就把痛感压了下去，使我仍旧能蒙头大睡。

可是梦不光是用那些不符合实际情况的幼稚意念来对客观的痛感进行敷衍、抚慰，如同失去儿子的母亲或者那些突然破产的商人们所表现出的那些疯癫的言行以及虚幻的妄想一般。事实上，梦里那些被否定的感受和相应而生的影像细节，与心灵里真实存在的一些记忆有直接联系，而梦就会把这些资料全部利用起来。

"我骑在一匹灰色的马上"，这马的颜色正是胡椒粉的颜色。我想起最近几天里，我在郊区正好遇到A先生。他告诉我如果吃那些加入大量调味品的饭菜很容易长疥疮，并且我们一般都认为疥疮的起因往往与"糖"有很大关系。我曾经在一位女病人身上花了很大的心血。我的同事A先生自从代替我去给她治疗以来，每次见了我都"趾高气扬"的，所以他在梦里会"笔直地坐在马背上"。这个女病人其实就像一个名叫"周末骑士"的故事里的那匹马一样，想把人带到哪里就带到哪里。所以，梦里的马其实就是这位病人（梦里说它是"聪明的"）。我感到"那么悠闲自在"：这句话是说我的同事A先生在取代了我之后，感受到我曾经在那个女病人家里看护她时的感受。曾经有一位同事非常支持我，他是城里有名望的医生里的一员。近几天他对我处理那个女病人的方法作了肯定："我认为你是完全称职的!"（这句话的直译是"我认为你坐在那个'马鞍'上非常安稳"。）可想而知，我忍受着如此的痛苦的同时，每天都为患者进行 8 ~ 12 小时的心理治疗，无论如何我也能说得过去了。但我也知道，如果没有健康的身体，我是无法继续承受这样繁重的工作的，所以梦中出现了我的病情继续恶化下去将会导致的结果。（那个笔记本所写的内容正是那些患有神经衰弱的人写给医生们看的"不想吃饭，不想上班"。）在对这个梦进行更进一步的解析过程里，我发现它可以从"骑马"这个愿望的实现，回溯到童年时我和我的侄子（比我大一岁，现居于英国）吵架的经历上来。另外，这个梦里还有一些材料来自于我的意大利之旅，梦里出现的街道就是我对维罗纳与锡耶纳这两个城市的印象。再深入解析这个梦就会引出性方面的意思：我觉得这个梦里所出现的城镇景象，很可能是那位从未去过意大利的女病人所描绘过的（德文的"去意大利"为 gen Italien 与"性器" Genitalien 近音）。另外我还提到过在 A 先生代替我之前，一直是我去那病人家里给她治疗的，还有我那疖子所长的部位都与"性"有密切的关系。

"睡眠的愿望"可以使人的意识自主地调整本来的感受状态。另外，在梦的"审查作用"以及后面将要提到的"再度纠正"的共同作用下，它促成了梦的形成。在对梦的形成动机进行探讨的过程中，我们须牢记这样一个愿望——每一个成功的梦都是愿望的实现。对于每一个梦都含有这种"睡眠愿望"与梦所附加的其他愿望之间究竟如何联系这个问题，我们将在以后进行论述。事实上，睡眠状态下的心灵能够对来自外界的刺激进行正确的感知，并能够分辨出这些刺激的好坏与强弱，因此有的时候我们就会从睡眠中被惊醒。这些正确的感知，通过最重要的“睡眠愿望”的检验后，才会在我们的梦中显现。梦里场景的逻辑关系可用“它是夜莺，不是云雀”来解释，如果真的是云雀，这美好的夜晚岂不就要宣告结束了？然而通过检验后的感知会有很多种，并不是所有的这些感知都会成为梦的内容，而是那些与心灵中的潜在冲动最相符的才能够成为梦的内容。所以，我们说，梦中的每一个内容都有客观的存在，并且没有任何虚假的地方。其实，对梦所进行的错误的解析并不是一种幻觉，而是一种托辞（如果你喜欢这个称呼的话）。这种托辞就像梦的“移植作用”一样。看来，在我们日常的精神活动中会出现很多这样偏离事实的现象。

当外界的精神刺激和身体内部的刺激的强度引起了心灵的重视（这种强度还未达到使人惊醒的程度）时，它们就会构成梦的动机和梦中内容的核心材料，然后心灵从这两种梦刺激所引起的意念中，选择一个合适的愿望并加以实现。其实，在许多梦里我们都能在梦的内容里发现身体因素。有时某个愿望并不存在，可是在梦的形成过程中偏偏唤醒了它，从而使它存在了。直观地说，梦就是表示“愿望的实现”，它的工作就是通过某种感觉，找到一个能够借此而实现的愿望。假如这些感觉里包含了一些痛苦的成分，那么它仍能被用来构成某个梦。心灵可以灵活地把一些令人痛苦的、或是一些相互掺和的资料，经过两种心理步骤及本身具有的审查制度，变成完全合理的“愿望的实现”。

我们知道在精神生活里存在着很多愿望，可有些愿望是属于心灵的“原本步骤”（或“原本系统”）里受到压抑的愿望。这些愿望不能被实现完全是因为“续发步骤”（或“续发系统”）的抑制。我们并不能以“时间原因”来划分这两者之间的界限——因为这些愿望在最初也是确实存在的，只是后来被抑制而消失了。这种“抑制作用”的原则为我们对心理疾病的研究工作提供了必需的观念。它认为那些被抑制的愿望是不会彻底消失的，它只是受到了某种压力的暂时抑制。从另外一个词“压抑作用”即可看出类似的含义，因为它的拼写是：Suppression，意即“压下去”，恰好表达了这个意思。当这些被抑制的愿望得到释放的时候，“续发系统”的压制力就会消失（这种压制我们是能够感觉到的），于是心灵就会表现出不愉快感。通过以上的论述，我们可以得到以下的结论：在睡眠状态下，如果产生了一种源自身体上的不愉快感，那么梦就会利用它来使某种受到抑制的愿望得以实现，尽管此时仍然或多或少地被审查作用所制约。

这种观点可以对焦虑的梦（梦的形成与愿望相互矛盾）作出解释，但某些焦虑的梦却具有不同的机制，因此不能运用这种理论予以解释。梦中所包含的焦虑都或多或少地带有心理病症的特性，因此它很可能属于精神神经症的焦虑，源于性心理的兴奋。所以在这种情况下，梦里的焦虑就代表着遭到抑制的原欲。这样一来，这种焦虑就与全部的焦虑梦一样，均具有心理病症的性质，于是我们也就面对着这样一个问题，即梦中愿望的实现在达到何种程度时才会受到制约而近乎失效。在某些特殊的焦虑梦中，其焦虑感却是源于躯体因素的（比如那些患有心脏病和肺病的人，就会偶尔产生难以呼吸的焦虑）。在这种情况中，焦虑就可以使那些受到强烈抑制的愿望在梦中得以实现，从而来排解焦虑感。实际上，要说明这两种看似互相矛盾的焦虑梦也并非难事。我们可以用两种不同的心理构成物（一种是感情趋向，另一种是内容观点）对此作出解释。当这两种心理构成物紧密关联时，只要其中一种处于活跃状态，另一种构成物就会被激活，在睡眠中也是如此。由此看来，源于躯体的焦虑激发了受到抑制的内容观点，或者是伴随着性激动的内容观点，从而使焦虑得到排解。我们也可以把这种情况解释为“躯体所形成的情感变化通过精神得到解释”。而另一种情况则与之完全相反，有些内容源于精神因素，而且受到了抑制，可它们却通过躯体使焦虑得到排解。因为研究这一问题所面临的困难与梦并没有多少关系，之所以会产生这些困难，只是由于我们的研究范围已经涉及了焦虑的演化和有关抑制的问题。

毫无疑问，源自于身体内部的主要刺激中包括了整个机体的肉体知觉，它不仅能充实梦的内容，还能使意识在所有梦的资料里选择出最符合其特性的资料作为梦的主要内容，并舍弃其余的部分。同时，这些前一天遗留下来的肉体知觉和由其产生的心理意念对梦的形成有重要的意义。如果这些知觉是不愉快的，它就很可能以相反的方式表现出来。

在睡眠状态里，如果来自身体的刺激并不是特别强烈，我认为它们对梦的形成所产生的影响就会相当于这几天所发生的那些无关紧要的印象。我的意思是说，它们必须与某些意念上的资料相复合，才能促使梦的形成。它们就像那些廉价的物资，梦只是根据其需要对它们进行选择，它们本身并不是非常重要的梦的来源资料。我打一个比方：某个收藏家请刻工把一块稀世的宝石雕刻成一件艺术品，那么，这个刻工在雕刻之前，就要根据这块宝石的颜色、大小以及纹理等因素来决定该如何雕刻。假如他使用的材料是诸如大理石这样随处可见的材料，那么这个刻工就完全可以按照自己的意愿来进行雕刻。我想，这个比方可以解释为何每夜都会发生一般的身体刺激并没有经常地出现在我们的梦中。（兰克曾经研究过许多由于人体器官而引发的让人惊醒的梦，如尿急、遗精的梦。他从中发现到这是由于器官需求和睡眠需求发生了冲突所致，并论述了器官因素对梦的内容所产生的影响。)

为了更好地解释上述的观点，在这里我再列举一个梦例。有一天我对那种在梦中经常出现的“被压制感”诸如动弹不得、无法用力等产生了浓厚的兴趣，于是我用了一整天的时间来考虑这个问题。就在当天的晚上，我做了下面这个梦：

我衣不遮体、一步三级地飞奔上楼，当我正为自己这种快速、简捷的做法洋洋自得时，有个女佣人正好从楼上向我迎面走下来，霎时间我觉得非常难堪。当我想立刻跑开的时候，突然感到一种被压制感，这使我无法动弹。

分析：梦中的情景来自于日常生活中的真实场景。我在维也纳的住所是一座二层小楼，治疗室和书房在楼下，楼上是我的卧室，两层之间只有一个楼梯。每天我都工作到很晚才上楼休息。那天晚上，我确实是衣冠不整（领带、衬衫纽扣都解开了）蹒跚上楼，可梦中却过分夸大了衣冠不整的程度——近乎衣不遮体。平时我上楼都是一步二三级地跑上去的。从这个梦里我们可以发现愿望的实现：我上楼的脚步是那样轻快，说明我的心脏还没什么毛病。但是这种“飞奔上楼”与后面的“无法动弹”形成了鲜明的对比。梦中的我的那一系列动作是那么轻松自如，就好像飞驰一样！

但梦里的那座房子并不是我的。起初我没有认出它，是后来那个迎面而来的女人提醒了我。这个女人正是我的一位老朋友的女佣，我每天都要去她家为她打针，一天要去两次。而梦里的楼梯也正是我每天都要走两回的老友家的楼梯。

可是“楼梯”和“女佣”为何会在梦中出现呢?我为自己的“衣不遮体”感到难堪，这必定与“性”有关。只是那个女佣比我的年龄大，粗俗并且没有一点吸引力。我这时想起了几件事：我每天早上去她家的时候，总是习惯性地清清嗓子，然后把痰吐到楼梯上。我实在不愿这样做，可是她家的两层楼里没有一个痰盂，所以我私下认为那楼梯的卫生问题并不是我的错，而是她们没有买痰盂。可她家里的管家却是一个吝啬而且很爱干净的老太婆，她每天都要守着楼梯口注视着我走上楼，看我是否又随意吐痰了。如果让她发现了，肯定又是一阵抱怨。后来当她再见到我时，甚至连礼节上的问候都没有了。做这个梦的当天早上，那个女佣的粗言冷语更增强了我对她的厌恶。当我看完病走出去的时候，那个女佣竟然直瞪着我，并对我说：“大夫，下次你最好先把鞋子擦干净。你看，地毯又让你弄脏了!”也许这些事就足以说明“楼梯”和“女佣”为何会在我梦中出现的原因了。

“飞奔上楼”和“把痰吐到楼梯上”也是紧密相连的。由于吸烟这种恶习很可能导致咽喉炎和心脏的问题，还有我自家的女管家也说我不够整洁。由此看来，我在这两家里的形象都很差，所以这种印象在梦中就复合在一起了。

对于这个梦的其他解释，需要在我说明了“衣不遮体”这样典型的梦的来源以后再进行叙述。从刚才所说的梦里，我们能够看出，梦里的“被禁制感”通常是梦境在与另一个事件衔接的时候才产生的。但是睡眠时的运动状态是无法对这一部分内容的由来作出解释的，因为我刚才又习惯性地蹦跳着上楼，就像梦中出现的情形一样。

第四节　几种典型的梦

在一般情况下，假如梦者隐瞒了在梦中所包含的一些隐含意念和想法，我们就无法对这个梦进行合理的解析，这将严重制约我们的释梦工作。（这种说法还需要作一点说明：当梦里含有“象征因素”，我们的释梦工作是不需要这些意念想法的。在这种情况下，我们所采用的释梦方法准确地说应该叫做“释梦的辅助方法”。）

几乎每个人都是以个人的性格特点来构筑自己的梦幻世界的，因此外人对他所做的梦很难理解。但是，有一些内容相同、意义相近的梦却几乎是每个人都曾做过的。这种最为典型的梦，不管梦者是谁，它的来源都是几乎相同的。因此，对这些梦所进行的研究将有助于我们探讨梦的来源。这里，我将把它们作为一整节的内容来进行讨论。通过对这些“典型的梦”的解析，我们就可以发现这种释梦方法的作用。如果我们的方法尚有不足之处，还可以以此来做一些修改和完善。在对这种梦进行解析的过程中，我们要么无法得到能够理解这些梦的意念资料，要么就是所得的资料过于混杂而并不适用。这种困难是怎么来的呢？我们将怎样克服技术上的困难？我会在下一章里进行讨论，在本章里只涉及几类“典型的梦”，以后读者们就会明白我这样做的用意了。

一、令人难堪的裸体梦

在梦中，梦者一丝不挂（或穿的衣服很少）出现在陌生人面前，这有时不会使梦者感到难堪和羞愧。但这里我们将要探讨的梦是相反的情况：梦者梦到自己裸体并感到难堪且很想躲避，但自己似乎又被束缚了，无论怎样都不能改变这种尴尬的窘态。具有这样的特点的梦才是我们需要进行探讨的内容，否则梦的核心内容就会包含诸多的关系以及各式各样的个人特征。这种梦的关键是：梦者在梦里感到羞愧和难堪，想尽快改变现状，但又无能为力。我想绝大多数的读者都做过类似的梦吧！

一般而言，梦中的裸露程度非常模糊。梦者可能会辩解："我是穿着内衣的。"但事实上这通常并不确定。在很多情况下，梦者都会用一种含糊的方式来表达梦中的裸体情形："我好像是穿着内衣或是衬裙之类的衣物。"但这类衣物的单薄程度一般不会引起梦中那么深刻的羞愧感。军人往往会梦到自己没有按规定着装而在梦中以违反军纪代替了"裸体的情形"，"我没戴军帽走在路上，军官发现了我并向我走来……"、"我忘了戴肩章"、"我没穿军裤"等等。

通常，梦中出现的旁观者都是些陌生人，而且没有确定的外貌特征。在这种典型的梦里，梦者常常不会由于自己的裸露而受到别人的责备。相反，这些人表现出一副冷漠的表情，或者是像我曾经留意过的一个梦，梦里那些人的表情是呆板僵硬的。这一点，是值得我们认真考虑的。

"梦者本人的难堪"和"别人的冷漠"形成了强烈的对比。从梦者本身的角度来看，这些人多少应该表现出惊讶的神情，或是对他嘲笑、训斥一番。我以为在这种情况下，梦中"愿望的实现"代替了别人厌恶的表情，可是梦者所感受到的难堪却由于某种原因保留了下来。对于这个被"愿望的实现"改装的部分，我们还不甚了解。可是这个现象确实是存在的，据此安徒生写下了那篇童话《皇帝的新衣》，还有德国的剧作家路德维希·富尔达最近以诗意般的手法写的剧本

《护身符》。在安徒生的那篇童话里，两个骗子为皇帝织了一件所谓的"只有高贵和诚实的人才能看见"的衣服。于是皇帝就穿上了这件连他自己都看不见的衣服，而那些装腔作势的大臣和虚伪胆小的人们都称赞皇帝的这件衣服是如何高贵华丽，而不敢承认皇帝确实是赤身露体。

其实我们梦中也会出现这样的情景。我们可以做一个假设：梦中出现的那些令人无法理解的内容，正是由这赤裸的情形引起了某些记忆。只是这些记忆中的情景并不具有原有的性质，而是具有了新的刺激的意义。由此我们可以发现：在某种意识里，"续发精神系统"将怎样把梦的原有内容进行了"曲解"，并且它是决定梦的最后形式的重要因素。另外，在形成恐惧症或强迫意识的过程中，这种"曲解"（相对于具有同样的心理人格而言）也是一个重要的因素。

我们甚至还能知道什么材料产生了这种曲解。梦其实就代表那两个骗子，梦者本人就代表皇帝，而被曲解了的事实是因为道德方面（只有诚实的人才能够看到这件衣服）的原因而曝光，这些表达了梦的隐意——被抑制和禁止的愿望。从我对心理病患者的梦所进行的分析来看，我发现梦者儿时的记忆在他们的梦中确实占有很重要的地位。只有在儿时，当我们穿着极少的衣服在一些亲戚、保姆、佣人、甚至是陌生人的面前出现时才不会感到羞愧。有某些年纪稍大一点的孩子，当他们脱下衣服时，不但不会感到羞愧，反而会高兴地跳着叫着，还不时地拍打自己的身体。这时母亲或是别的在场的人会嗔怪说："喂！赶快穿上衣服，丢不丢人呀！"也许小孩就有这种在人们面前裸露自己身体的欲望。我们也许都有这样的经历：当我们路过一个小村子的时候，总有几个两三岁的小孩当着我们的面解开衣扣或是撩起裙衫，也许他们是用这种方法来向我们问候吧！我的一位病人就清楚地记着这样一件事：他 8 岁时，有一天在睡觉前，他非要只穿着内衣去他妹妹的房间里跳舞，后来还是被佣人制止了。心理病患者对这种儿时在异性小孩面前暴露自己身体的记忆是有着深刻的印象的。患有妄想病的患者在脱衣服的时候，会产生一种被别人窥看的妄想。这也可以归咎于儿时的某些经历。那些性变态患者的“暴露症”，通常也是由这种儿时暴露欲望的不断增强而引起的。

每个人的儿童时代都是天真无邪的。人们在成年后回想起那段日子，仿佛有“置身于天堂”的感觉。事实上，我们每个人在童年里，都曾想过天堂会使自己的很多幻想得以实现。这就是人们在天堂里并不为自己的裸体而感到羞愧的原因。人们一旦产生了羞恶之心，就从乐园里被驱逐出来，于是就产生了性和文化，并得到不断地发展。往后人们只有在梦中才能重温天堂里美好的往日。我们曾作过推测：那些最早的儿童（三岁以前）印象都是一些本能欲望的直观表现，所以这些印象的重现就是愿望的实现。由此看来，裸体梦的实质就是“暴露梦”。

这种“暴露梦”的主人公通常是现在的梦者，而不是童年的形象。日常生活中种种穿衣的情形和梦中的“审查作用”，导致了梦者在梦里往往不是全裸的，而是一种“衣冠不整”的样子，然后梦里出现了一个陌生人，从而引起梦者的难堪羞愧之感。在我手边这种类型的梦例里，我发现梦里的那些旁观者并不是童年时期在旁观看的那些真实人物，因为梦本身并不是一种单纯的回忆形式。令人奇怪的是，那些癔症患者和强迫性心理病患者儿时的“性”兴趣对象是不会在梦中出现的，而旁观者却会出现在妄想症患者的梦中。尽管患者本人也看不见“他”，却可以荒诞地肯定那个“他”就在他的身边。

可是梦中的旁观者为什么会被替代成那些对梦者的难堪场面并不留意的“陌生人”呢？事实上，这正是对梦者想在熟人面前暴露的愿望的一种“反愿望”。梦中的“陌生人”有时还会有别的意义，但从“反愿望”来看，它通常代表了一种隐秘之事（梦到“所有的亲人在场”也是同样含义）。我们还可以发现，妄想症患者梦到的那种“往事重现”，也能符合这种“反愿望”。梦中并不是只有梦者一个人，一定有另外一个人（或一些人）在窥视着梦者，而这个（些）人的形象也是“陌生的、特征模糊的、奇怪的”。

在这种“暴露梦”中，“抑制作用”也会产生一定的力量。这是因为那些完全裸露的影像是“审查作用”所禁止的，因此在梦中无法清晰地显现出来。由此我们可以看出，梦中所感到的那种尴尬感觉完全是由“续发心理系统”引起的反应。而避免这种令人不快的感觉的方法，就是让梦中出现的情景不再继续下去。

二、亲人之死的梦

刚才我们所讲的那种梦其实算不上是“典型的梦”。对这样的梦进行解析，我们可以发现它其实是暗示着某种隐秘的、表面上无法获知的愿望，这个愿望才是这种梦的实质内容。而梦者并不会因此而哀伤。我们知道这种梦蕴含的情感并不属于梦的显意，而是属于梦的隐意，并且这种“情感内容”并没有经过“改装”而仍然保持着“观念上的内容”。

可是在另一种梦里，梦者却梦到了自己亲友的死亡，从而使梦者感到哀伤和悲痛。从梦的显意来看，梦者本人有这种希望自己的亲友死亡的愿望，但曾做过这种梦的读者们一定会对此产生怀疑。下面，我将尽量采用足以令人信服的理由来说明这个问题。

在我以前所举的一些梦例中，一些被实现的愿望并不是梦者当前的愿望，它们很可能是那些以前的、遗忘了的，或是被深深压抑的愿望。但我们不能因为它曾经在梦中出现过，就认为这些愿望还继续存在于我们的意识里。可它们确实是没有完全的消失，并不是像人那样死了以后就彻底地归于虚无了。它们倒是与《奥德赛》里的幽灵有点相似，一旦喝到人血就又复活了。

我们先来考虑一下小孩与他的兄弟姐妹之间的关系。我们总是认为兄弟姐妹之间永远充满了关爱，这一点我怎么想也不明白。事实上，我们每个人都曾怨恨过他们，而且我们可以证明这种疏远源于儿时的心理，有的至今仍未消除。尽管有些人对他的弟妹们确实照顾得很周到，但他们的心里仍然存在着早在儿时就已产生了的怨恨和敌意。兄长打骂他的弟妹、抢夺他们的玩具，年幼的只有忍气吞声、对其兄长充满了畏惧和忌妒。后来这些年幼的小孩首次为“获得自由”而引发的斗争或对自己不公平的境遇所进行的反抗，也都是针对他们的兄姐而进行的。每当孩子们争吵扭打的时候，父母们总是对此抱怨不停，却找不出其中的原因。我们无法要求一个小孩的性格达到成人具有的成熟水平。小孩绝对是利己主义的，当他产生了一个愿望就会迫不及待地想去实现它。一旦出现了竞争对手（也可能是别的小孩，但多数情况下还是他的兄弟姐妹们)，他们更是竭尽所能地去实现自己的愿望。但我们并没有因此称他们为坏孩子，我们只会说他调皮、捣蛋。毕竟他们的年纪太小，无法通过判断来辨识其行为的对错，也无需为他们的过失负什么法律责任。当他长到了所谓的“童年期”时，他们幼小的心灵开始萌发了道德观念和助人为乐的意识。如果用梅涅特的话来说就是，由于“续发自我”的产生，从而压制了“原发自我”。当然，这种道德观念的发展并不是在所有方面同时进行的，童年时期中的非道德期也是因人而异的。我们通常把道德观念的失败发展叫做“退化”，其实这只是一种“迟滞现象”。“续发自我”的产生，使“原发自我”渐渐被掩盖。但在癔症患者发作的时候，我们仍能或多或少地发现“原发自我”的迹象。我们发现：在“癔症个性”与“顽童”之间，确实存在着非常明显的相似之处。而那些强迫性心理病患者却恰恰相反，他们是因为“原发自我”过于明显，而使得“道德观念得到了过分的发展”。

许多人与他们的兄弟姐妹相处得非常和睦，而且对他们的死亡感到悲恸欲绝。可在他们的梦里仍能发现儿时潜意识里的敌意，直到现在，它们仍然没有被完全消亡并仍会在梦中出现。

我几乎可以肯定，每个人都曾梦到过有关兄弟姐妹死亡的梦，并且能找到那些潜在着的强烈的怨恨和敌意。这在女性患者身上（除了仅有的一个例外）都得到了证实。而那个例外，我并不需要进行复杂的分析，就可以把它也作为一个证据。有一回，我正在给一个女病人解释某件事情，我突然想到她的病也许会与这种情况有关。于是我就问她是否做过这样的梦。让我惊讶的是她的回答居然是否定的。但她说她 4 岁的时候做过一个与此显然无关的梦（她是家里最小的孩子），后来这个梦又反复出现了好几次：“一大群小孩在草原上做游戏，其中包括她的表兄和表姐。突然间，他们全都长出了翅膀飞走了，再也没有回来。”她本人并不了解这个梦的意思，但我们可以看出这个梦确实是表示所有的小孩都死亡的梦，只不过它没有受到“审查作用”的很大影响，而以一种原始形式表现出来。我可以作一个大胆的推断：这个女病人小时候和别的小孩在一起生活，而在这么多孩子里，曾有个孩子夭折了。而当时还不到 4 岁的梦者一定会问这样一个问题："小孩儿死了以后会变成什么样子？"也许她所得到的答案是："他们的身上会长出小翅膀，然后就会变成了小天使。"经过这个推断，梦中的那些兄姐们就长出了翅膀，像天使那样——飞走了（这一点很重要），然而梦者本人——天使的制造者却留了下来，其余的全部飞走了。一群小孩在草原上玩游戏，突然……飞走了，这好像是在说蝴蝶——由此看来，小孩的联想就和古人对灵魂都有蝴蝶般的翅膀的联想一样。

说到这里，也许有人会问："就算是兄弟姐妹之间存在着敌视态度，但小孩子怎会坏到像你所说的那种程度？难道小孩子会希望他的对手和比他强大的伙伴全部死去吗？难道小孩子对所有罪恶的惩罚只有置于死地这唯一的方法吗？"可是人们没有注意到小孩对死亡的理解并不像成人所理解的那样。小孩并不理解尸体、腐烂、阴森的墓穴、恒久的虚无以及由此产生的种种恐怖印象，所有这些对一个大人来说是不能忍受的。小孩根本不能理解令人恐怖的死亡，他甚至和他的伙伴开玩笑："如果你再那样做的话，就会像弗朗兹一样死去。"但假如一个母亲听到这样的话，她肯定会大为震惊，因为在她看来，有很多孩子会早早夭折。一个 8 岁左右的孩子和他的母亲在参观完自然历史博物馆之后，这个孩子对妈妈说："我亲爱的妈妈，我是多么的爱你！如果你死了，我要把你做成标本放在房间里，那样我就可以天天看到你了。"从上面的几个日常例子中，我们可以发现小孩对死亡的认知和我们成人的多么千差万别。

另外，对一个没有见过临死前痛苦场面的小孩来说，"死亡"就是“离开”的象征，而“离开”则意味着“不再打扰那些活着的人们”。但小孩不明白这种“离开”是怎样形成的，是因为距离上的远近，还是由于相互关系的疏远，抑或是死亡。有一位对精神分析稍有研究的父亲想看看自己的女儿是否能区分“死亡”和“离开”这两个概念。他的女儿 4 岁了，极为聪慧。有一次，小女孩在吃饭时捣乱，当看到一个住在她家里的女佣人在瞪着她时，她就对她的父亲说：“让那个约斯芬赶快死去。”她的父亲平和地问她：“为什么一定要她死呢？让她离开不是更好吗？”这个小女孩答道：“不行！她离开之后还会再回来的。”从儿童的利己主义来看，他们把任何一个细小的干涉都视为不可宽恕的罪过，因此在他们的法典里只有一种刑罚——死。现在让我们来设想一下，一个小孩在很小的时候，他的保姆被解雇了，过了不久他的母亲又去世了。从我们的分析来看，这两件不同的事情在这个小孩的记忆里将叠加成一个单独的事件，而且小孩对某个离开的人并不会表现出强烈的思念。这一点经常使某些不了解内情的母亲为之伤心不已。比如说有个母亲外出旅行了好几天，当她回来后听到佣人说，“你不在家的时候，孩子从未问起你”。但是如果母亲真的去世了，永远不会回来了，起初时孩子们似乎忘记了她，但随着年龄的增长，他们自然会逐渐回忆起去世的母亲并为她哀悼。

所以，当一个小孩希望别的小孩离开时，他就难免会用死亡的形式来表达这种愿望。从那些包含着死亡愿望的梦里所表达出来的心理反应可以证明，尽管梦中的内容有多大的差异，但梦中儿童所表达的愿望和成人的愿望却是相同的。

从上面的论述中，我们可以知道：小孩梦见他的兄弟姐妹死亡是因为他们的利己主义，他把他的兄弟姐妹看成了竞争对手，从而引起了潜意识里的怨恨和敌意。但是，对于父母死亡这样的梦又该怎样来解释呢？父母生我、养我、爱我，即便是从利己主义出发，也不该有这种期待父母死亡的愿望吧！

我们可以找到某些线索来解释这个问题：大多数类似的梦中，梦者都梦见了与他同性的亲人之死。也就是说，男人梦到了父亲之死，女人则梦到了母亲之死。当然，我以为这并非是绝对，但绝大多数情况下是这样的。所以，我们就要从那些具有普遍意义的因素出发，对此进行解释。一般情况下，根据童年时“性”的选择规律，男孩视其父亲为情敌，女孩则视母亲为情敌。因此，只有在除去情敌的条件下，梦者才会如愿以偿。

也许有人会认为我以上的说法是奇谈怪论，但我想大家还是先对父母与儿童的关系作一番思考。在考虑这层关系之前，我们要把传统的行为标准以及世俗的孝道所要求的父子关系与日常生活中的真实的父子关系区分开，这样我们才会发现父母和儿童之间常常隐含着敌意。正是这种关系的存在为那些无法通过“审查制度”的愿望提供了绝佳的机会。

我们先来看看父子之间的关系。在古代的家庭里，父亲越是暴虐，儿子就越敌视他的父亲，内心里急切地盼望他的父亲尽快死去，从而可以继承父亲的大权。在那些中产阶级的家庭里，父亲往往不让孩子作自主的选择甚至违背孩子的意愿，使父子之间的敌视态度日益增加。医生在现实生活中经常可以看到这样的现象：儿子在听到父亲去世的噩耗时尽管悲痛欲绝，但有时仍会流露出因此而得到自由的满意神色。一般情况下，现代家庭中的父亲仍牢牢地握着父权不放，因此著名的诗人易卜生会在他的戏剧中充分体现这种历史悠久的冲突。

当女儿长大成人并希望获得性自由的时候，她却发现母亲总在身边监视着自己，于是在母亲和女儿之间就形成了冲突和敌对；另一方面，母亲面前的女儿已是亭亭玉立，这也引起了母亲为自己失去的青春而感伤。

以上的事实都是我们耳闻目睹的。但对那些推崇孝道的人们来说，这种亲人死亡的梦是无法解释的。然而我们却可以依据上述的探讨去探索童年早期的有关死亡愿望的来源问题。

对心理病症所进行的分析，无疑证实了我上面的观点。分析的结果表示：小孩最原始的“性愿望”在很早的时候就产生了。那时女孩最早的情感对象是她们的父亲，而男孩的对象则是他们的母亲。因此对男孩来说，父亲就变成了他所嫉恨的情敌。同样，女孩也是如此。就像上述兄弟姐妹之间产生的敌意一样，小孩的内心把这种情感寄寓到“死亡的愿望”里。当然为人父母者也有同样的“性选择”。一般情况下，父亲疼爱女儿，而母亲则疼爱儿子。（这种规律并不能使判断力受到任何改变，每个父母还是严格教育子女的。）而小孩本身也能注意到这种偏爱，于是就反抗不那么疼爱他的一方。小孩并不仅仅满足于他的某个特殊愿望能够得以实现，而且还希望父母们爱听他所说的话，纵容他的各种意愿。简而言之，小孩之所以这样做，首先是出于自身的“性本能”，而父母的一些做法更加强了他的这种倾向。

我曾经仔细研究过一位经历过不同精神状态的年轻女子。起初，她的疾病处于一种极为混乱的激动状态，对她的母亲表现出极大的厌恶感。她的母亲一走近她，她就又哭又闹。但相反的是，她对仅比她大两岁的姐姐却百依百顺。接着她又处于一种神志清醒的状态，但此时她极其冷漠，睡眠也不安稳。我就是在这种情况下对她进行了治疗并且分析了她的梦。她所做的很多梦都是以不同形式表现出来的关于母亲死亡的梦：有时她梦到自己去参加一位老妇人的葬礼；有时又梦到她和姐姐穿着丧服一起坐在桌旁。这些梦的意思都很明显。当她的疾病开始好转的时候，她又会表现出癔症性惊恐。在这种情况下，她非常担心她的母亲，生怕她发生什么意外。不管她在什么地方都要急忙回家，好让自己相信母亲还活着。这个特殊的病人，还有其他的一些经验使我深受启发：精神系统对同一刺激观念会作出不同方式的反应，就好像用不同的语言来翻译同一句话。我认为在混乱的状态中，那些平时受到抑制的原本精神系统推翻了续发精神系统，从而使她的潜意识里对母亲的敌意得到了一种强烈的运动性表现。当她处于清醒状态时，潜意识里的反叛就平息下去，此时的审查制度又得以重建。因此只有在梦中才能实现那个希望母亲死亡的愿望了。如果正常状态可以继续巩固，她就会产生一种癔症性的逆反应和防御现象，这又会让她过度地担忧自己的母亲。由此不难了解，为什么患有癔症的女子总会对母亲表现出强烈的依附情感了。

从我非常广泛的经验来看，那些后来才患有心理病症的患者，在儿童时期父母在他们的心里占有主要的地位。在童年时期，他就深爱着双亲中的一方而怨恨另一方，从而产生了一种永久性的心理冲动。同时这也是导致他们在日后患上心理疾病的重要原因。但我并不认为心理患者与正常人在这方面存在着差异——我不认为这些患者能够自创出离奇的东西。比较客观的说法（通过对正常的孩童的观察，可以得到证实）是：在其对父母爱与恨这一方面，后来患上心理病的孩童对此表现得要比那些正常的孩子更为强烈、明显。从古代流传下来的一些传闻里，我们或多或少地可以看到类似的现象。要想真正发现这些现象的普遍性、深刻性，只能通过对孩童心理的假设来实现。

对于这种亲人死亡的“典型的梦”，我打算作几点补充来表明它们对一般的梦理论有着重要的意义。这些梦显示出一种不同寻常的特性：一些潜伏的被抑制的愿望未经“审查作用”就会以原本的面貌出现在梦的内容里。这种情况的出现需具有两个前提。首先，我们的内心一定有某些潜藏着的愿望。对于这些愿望，我们非常有自信，它们是绝不会在梦中出现的。所以，这些潜藏的愿望就成功地逃过了“审查作用”的检验。就像所罗门法律一样，在它策划之初并没有想到把“弑父罪”加进去。其次，这种愿望能够以一种担忧亲人的形式，与日间的一些心灵残留物相互融汇，也使忧虑的感受随着与之相适应的愿望出现在梦中。因此，日间引起的对亲人的关注就把梦中的这个愿望加以掩饰。如果有人非要认为梦纯粹是一种夜间的心灵活动，而对这种亲人死亡之梦另作一番解释的话，那他们的解释将更加简单，对那些尚未解决的问题也就不用再去探究原因了。

对这类梦与“焦虑梦”之间关系的研究是很有启发性的。在这类梦里，潜藏的愿望可以避开“审查作用”而不经过一点改装，由此给人一种真实感而引发出痛苦、哀伤的情感出现在梦中。同样，“焦虑梦”也是受“审查作用”压制而产生的。与此相反的是，只有当源自身体的刺激引起较为真实的忧虑感时，“审查作用”才能得以恢复。由此我们可以看出，心灵只能通过“审查作用”来进行梦的改装，并以此来避免忧虑和其他形式的痛苦情感的发生。

前面我们已提到了儿童心理的完全自我主义，现在我需要强调的一点是：所有的梦都是以自我为中心的，而且每个梦里我们都可以发现自我的存在，有时这个自我是经过改装后出现在梦中的。梦所实现的愿望也都是自我的愿望，从表面上看来是“助他”的一个梦，事实上却是“利己”的。

三、考试的梦

每一个通过结业考试顺利升学的人都说，他们经常做这样一种梦：梦里他们考试失败，或是必须进行补考。而那些已经取得学士学位的人，这种典型的“考试梦”又被另一形式所代替：他们梦到了自己没能取得学位。即使梦中他们清楚地知道自己早就成为教授、经理，或是著名的律师等人物，怎能没有学位呢？梦者对此大为不解。这正如我们小时候因自己的错误行为遭到惩罚一样，它是我们在学生时代痛苦、恐惧的考试所引起的苦难记忆的重现。同样，心理病症的“考试忧虑”也是起因于这种幼稚的恐惧，并且逐步加深。随着学生时代的远去，再没有教师或父母因为学习来惩罚我们，但这种恐惧的心理仍然存在于我们的心里。每当我们发觉做错了事、疏忽了一些情况，或是未竭尽所能的时候（简单地说，就是自己背负责任的时候），这些令人恐惧、紧张的“升学考试和学位考试”就出现了。

为了对“考试梦”进行深入的研究，我将要列举一位同事在一个学术研讨会上所发表的一些观点。他认为做这种梦的人一般都是那些顺利通过考试的人，而那些名落孙山的人是不会做这种梦的。通过对很多实际情况的分析，我确信做这种“考试梦”的人是那些即将承受某种风险而肩负重任的人。而梦中的内容必定是梦者过去的一些经历，这些经历使梦者当时费尽心血，但从结果来看，这样做根本就是不必要的。这种梦使梦者本人意识到它与现实是多么的不符，于是在梦里大声辩护：“我已经拿到学位证书了！”……这些都是现实对梦境的一种安慰。我们不难看出其中的意思：“不要为明天的事而忧虑。

想当初你那升学考试不也是同样的焦虑，可最后不是顺利通过了吗？”但是梦者梦中的焦虑，确实是源自做梦当天的一些残留的经历。

在我自己的以及别人的类似的梦中，这种说法虽然并不能完全吻合，但对绝大多数的梦还是非常适用的。比如有一次我没有通过一个法医学考试，可这件事并没有在我的梦中出现过。而那些植物学、动物学、化学等科目的考试，每次都让我焦虑万分，最后老师的仁慈使我顺利通过了。可是它们却常常出现在我的梦中。我经常梦到我在参加历史科目的考试，而当时这一科考得非常好。但实际的情况是，慈善的历史老师（在我的另一个梦里，他扮演了一个独眼的老好人）也许注意到我交的试卷上。凡是我没有太大把握的题目都用指甲盖画上了记号，以此来暗示老师对这些做了记号的题目不要过于严格。我的一个病人，他未能参加升学考试，后来在补考的时候通过了。后来他又参加了国家公务员考试却没有通过，所以直到今天他也没能去政府工作。他曾告诉过我，他经常能梦到前者，而后者却没有梦到过一次。

第一位对“考试梦”进行解析的人是斯德克尔。他说这种梦与“性经验和性成熟”有着很密切的联系。从我的经验看，这种说法是正确无误的。

四、其他的典型梦例

除了以上三种典型梦例之外，我还将在这里列举一些比较常见的典型梦例，比如梦到自己在天空中愉快的飞翔，或是从高处猛然跌落等等。尽管我本人没有做过类似的梦，但我对这种梦的解析全部来自于精神分析，分析的结果表明这种梦也是对儿时印象的再现。换句话说，这些梦所涉及的内容是儿童非常感兴趣的游戏或运动。我们试想一下，哪个父亲没有把自己的孩子举过头顶或是让他骑在自己的脖子上，然后带着他在房间里上蹿下跳并告诉他怎样去飞翔；有时父亲也会让孩子坐在自己的膝上，然后突然把腿平伸让孩子沿着腿而滚下；还有的父亲甚至把孩子扔在空中，然后又安全地接住他。儿童们非常喜欢这些游戏，并且一再要求重来一次。当他们感到害怕和眩晕的时候情况更是如此。在往后的岁月里，他们的梦里经常重现这些经验，但梦中却没有可以依靠的双手，所以他们浮在空中或者跌落下来。我们都知道，儿童非常热爱跷跷板和荡秋千这样的游戏。在观看了马戏团表演之后，他们就会在记忆里引发对这种游戏的重现[①]。男孩在癔症发作中有时只包含这一动作的重现，它们是一些难度很大的技巧动作。尽管这种游戏是单纯的，它们却往往引起性冲动。我的一个同事，一个没有任何精神疾病的年轻医生，曾向我提供了有关这一方面的资料：我在荡秋千的时候，尤其当我荡到最高点的时候，我的生殖器就会产生一种很特别的感觉。尽管我没有真正享受这种感觉，但可以肯定那是一种快感。我的病人经常对我说，他们记忆里的生殖器首次勃起时的快感是在爬行的过程中产生的。通过精神分析可以断定，第一次性冲动通常都是在儿时的嬉戏和厮打中形成的。假如我能用某个非常普通的词来形容这种活动，那梦中再三显现的飞翔、跌落和眩晕等都可以用儿时的嬉闹来代替，但附着在这些经历中的情感却转变为焦虑了。天下的每一个母亲都知道，儿童们的嬉闹厮打都以吵架和哭泣的方式来宣告结束。

---

① 我们的分析研究表明：除了器官快乐以外，还有别的因素可以引起儿童喜爱杂技表演以及癔症的反复发作。这种因素通常是潜意识的，过去曾看到人或者动物性交的记忆印象。

有人认为飞翔梦和跌落梦是由睡眠时的感触状态或肺部的运动感而引起的，但我却有充分的理由反对这种观点。我认为这种感觉是梦本身的内容，而不是梦的根由。也就是说，它们是某些记忆的再现。

我必须承认，对于这种类型的梦，我还不能作出彻底的解析。但我仍然坚信自己的主张：这类梦中所出现的感触和运动感，只能在某种精神因素要应用它们时才被唤醒，否则它们将被视而不见。在分析神经病患者的病症时，我发现这种梦与儿时的经历一定存在着某种联系。我现在还无法断定，在人生漫长的过程中，这些感觉的记忆总会附带着另外的意义。尽管它们依然以典型的梦的表现形式出现，但其意义却是因人而异的。对此我很乐意通过解析某些条理清晰的梦来弥补这个不足。也许，一些人会感到惊奇：诸如飞翔、跌落以及牙齿的梦例有很多，但我却在抱怨这种梦很匮乏。在这里我必须说明的是，自从进行梦的解析工作以来，我本人从未做过类似的梦。虽然我可以参考那些神经病患者的梦例，但这些梦例中有很多内容是我无法了解，从而无法发现梦中隐秘的意义。此外还存在着一种精神力量，它会一同参与神经病症的发作，这是我们对这类梦刨根问底的一个巨大障碍。

第三章　梦的运作

以前的一些学者解释梦都是直接对“梦的内容”（或称为“梦的显意”）来进行解释。他们的这种做法，有时甚至不经过深入的分析就对梦所表达的直观内容予以阐释发挥。对此我们却发现了一些不同的资料——在对梦的探究结果与“梦的显意”之间我们发现一个全新的心理资料——梦的隐意。或者说，经过我们的分析而得到的梦的隐含意念。所以，我们的工作是全新的、前无古人的。这是一项类似于翻译的工作——细心研究“梦的隐意”与“梦的显意”之间的关联，然后发掘出后者是怎样演变成为前者的。

“梦的隐意”与“梦的显意”就好像是用两种不同的语言来表达同样的一句话。也就是说，“梦的显意”是对“梦的隐意”的另一种表达方式。它所使用的字母和语法，就需要我们通过原文与译文的对照来理解。如果我们能够做到这一点，那么“梦的隐意”就不再是难解之谜。而“梦的显意”就像是象形文字，我们必须把它们逐个翻译成“梦的隐意”所用的语言文字。但我们不可能从它们的形状上获得正确的解释，而是必须按照这些符号所代表的象征意义来进行我们的翻译工作。比方说有这样一个画谜：画上有一所房子，在它的屋顶上放了只木船，然后出现了一个大大的字母，以及一个砍了头的人在奔跑……从表面看，这实在是一幅荒谬之极而且毫无意义的画：木船怎么会放在屋顶上？没有头的人又怎会奔跑？人怎么会比房子还大？另外，如果这幅画是一幅风景画，那个字母又是怎么来的？自然风景里是不存在这样的景象。要想正确地解释这幅画谜，我们得首先抛开这些反驳的观点，要肯定画里的每一个形象都代表着一个隐含的意义，然后把它们逐个地翻译并排列组合起来。这样一来，这幅画就不是毫无意义的了，也许它会成为一句寓意深刻的警世格言。梦实际上也是一种画谜，只是我们的先人没有掌握解释梦的方法，反而把梦误认为一幅幅的艺术作品画。因此他们认为梦没有任何的意义和价值。

第一节　凝缩作用

在比较“梦的隐意”和“梦的显意”时，首先值得我们注意的就是梦的工作里包含了大量的“凝缩作用”。与那丰富多彩的“梦的隐意”相比之下，“梦的显意”就显得非常乏味和概括了。如果对梦的记录需要半张纸，那么记录经过解析后所得的“梦的隐意”就得用六或八甚至是十张纸。而这个比例则根据梦的不同情况来确定（从我的经验来看，这个比例在多数情况下是实用的）。我们通常都低估了梦的凝缩程度，所以在对梦进行了一次解析后，就轻易地相信我们已完全获知了梦所包含的全部意义。可如果继续对它分析下去，我们又会发现更多的隐意，所以这里需要做一个声明：“任何一个人永远都不能断定他已经把整个梦彻底地解析出来了。”尽管他的解析工作是十全十美的，但他仍有可能发现这个梦里还有着其他的隐意。所以，严格地说来，梦的凝缩程度根本无法被量化。

由于“梦的隐意”与“梦的显意”之间的比例无法确定，要直接得出“有相当大的一部分心理资料在梦的形成过程中被凝缩了”这样的结论恐怕还不能令人信服。也许我们都有过这样的感受：“我昨晚做了很多梦，可我现在几乎全忘了！”这就表明人们在清醒时所记住的那部分只是整个梦的一些片段。如果我们可以把梦的全部内容都叙述出来，那就几乎可以与“梦的隐意”同等对待了。这种说法在某种程度上是很有道理的。我们在刚睡醒后就把所做的梦记录下来，这样其内容才可能是真实准确的，否则梦的内容就会随着时间的流逝而慢慢被淡忘直至完全遗忘。还有一点我们需要认清——不要以为自己梦到的内容会比回想起来的多得多（对于这一点的解释我们在以后会论述）。另外，梦的这种“凝缩作用”是不会由于“那些被遗漏的内容”而受到影响的，因为我们已经可以通过那些留存下来的内容解析出它们所代表的很多的意义了。如果人们记不起梦里的大部分内容，我们就无法发现梦里所包含的另外一些新的隐意，因为我们不能肯定那些被遗忘了的内容所包含的隐意与我们已经解析出来的隐意是否是完全一致的。

对梦的内容进行分析的过程必定会产生出很多的意念，读者们难免会有这样的疑问：这些通过分析而得来的每一种意念都能构成“梦的隐意”吗？也就是说，我们是否认为所有的这些意念都活动于睡眠状态里，并且对梦的形成发挥了作用？而那些对梦的形成并没有起作用的新的意念，是否是在对梦进行解析的过程里才形成的呢？对于这个问题，我只有在一些有条件限制的情况下才能作出回答。的确，我们在分析一个梦的时候，某些分散的意念组合确实是首次出现的。但我们应该清楚的是，只有在“梦的隐意”里的各种意念之间确实相互联系在一起的时候，这些全新的意念组合才会产生。或者说，只有在一种更为基础的关联方式下，才会出现这样的全新的意念组合。在梦的分析过程中所产生的大多数意念，在梦的形成中确实在活动。比如说我们对一连串的意念进行分析时，从表面看其中的一个意念与梦的形成好像并没有相关之处，但它却能够带给我们一个确实与梦的内容相关的结果，而且这结果又在梦的解析过程中起决定作用的关键。它是我们通过对一大串意念进行分析、研究后获得的。

可是，在睡眠状态下，在做梦之前人们的心理状态又是怎样的情况呢？当时所有的“梦念”是否都整齐地并列在我们的脑海中？还是相继浮现于心灵里？它们是不是也有各自的制造中心，然后一齐涌现到我们的心头呢？我认为这些根本无法回答的问题，对我们目前所讨论的梦在形成时的心理状态并不实用。但有一点我们需要明白——我们正在进行的工作是人的“潜意识思想”，这并不同于我们在思考问题时的“有意识思想”。

既然在梦的工作中包含着大量的“凝缩作用”，那么这种作用又是怎样进行的呢？

现在让我们来做一个假设：如果在一大堆的“梦念”里，只有很少的一部分会在梦中得到表现，那我们就可以推想“凝缩作用”是通过“删节”的方法来作用于“梦念”的。而且由此得出了“梦”并不是“梦念”称职的翻译官，因为它并没有对“梦念”进行逐一、彻底的翻译，相反，它是经过了删略的复制。以后我们会发现这个观点其实是不太恰当的，但目前，我们先从这个假设入手来提出这样一个问题：“如果只有少数的‘梦念’能够表现在梦中，那么这候选的决定条件又是什么呢？”

为了解释这个问题，首先需要探讨一下符合这些条件的梦里的元素，而与此有关的最为适合的材料，就是那些经过强烈的凝缩作用而形成的梦。我们仍以“植物学专著”这个梦例来进行说明。

这个梦的内容是：“我写了一本专著，是有关某种植物的，这本书清晰地摆在我的面前。我翻看书中的内容，当我翻到其中一页被折叠过的彩色插图时，有一个已经脱水的植物标本，它就像在植物标本册里收藏的一样，被夹在这本书里了。”

显然，这个梦里最引人注目的部分就是那个“植物学专著”。这确实是我当天的经历，那天我曾在一家书店的玻璃橱窗里看到一本关于樱草类植物的书籍。我的梦里并没有这个“类”，只把“专著”和“植物学”这些联系留了下来。而“植物学专著”使我立刻联想到了我曾经发表过的关于可卡因的研究报告，可卡因又使我联想到一本名叫《纪念册》的刊物。我还想起了我的一个挚友——眼科专家克纳斯坦，他对可卡因应用于临床作出了巨大的贡献。从克纳斯坦医生又让我想起了我们那天晚上投机地交谈了很久，后来被别人打断了。当时我们正在谈论几个外科和内科同事的薪酬问题。我发现我们所谈论的这些问题才是真正的“梦的刺激元素”，尽管那个“植物学专著”是属实的事件，但它只是一个无关紧要的小插曲罢了。此时我才知道“植物学专著”只是这两个事件的一个纽带，通过这个无关紧要的小事把那些具有重要心理意义的事件复合在一起。

不仅仅是“植物学专著”这个复合概念具有意义，就是把“植物学”、“专著”等词单拿出来进行逐步的联想也可以到达迷乱繁杂的种种梦念之中。“植物学”让我想起很多人物：克尔特尼（德文意思是“园丁”）教授和他那“花容月貌”的夫人，一位名叫弗洛拉的女病人，还有一位没有收到鲜花的L夫人。从克尔特尼使我联想到“实验室”以及我与克纳斯坦的谈论（我们在谈论中牵涉到两位女性）。而那个与花有关的夫人让我想到了两件事：我的妻子最喜欢的花和我在书店橱窗里匆忙看到的那本专著的名字。于是我更进一步地联想到我那段中学时代的插曲，学校的考试，还有一个比较新颖的内容——我的爱好（这些都从上述的交谈中表现出来），之后通过那个“忘记的花”又使我想到“我所喜爱的向日葵”，所有这些都巧妙地联系在一起。“向日葵”一方面使我回忆起一次意大利之旅，另一方面又让我回想起童年时将我日后藏书热激发出来的那个场景。所以，“植物学”正是这个梦的核心，它是各种思路意念的交汇点。同时，我可以证明这些意念都与那天交谈的内容是逐一对应的。

综上所述，梦中出现的“专著”也同样关系着两个内容：一个是我所从事的研究工作的性质，另一个是我个人爱好的昂贵代价。从这个初步的研究结果来看，“植物学”和“专著”可以成为梦的内容，是由于它们可以使人联想到丰富的“梦念”，而且它们是很多梦念的交点；从梦的意义来讲，它们具有了最为广泛的意义。这种解释也可以用另一个表述方式来表达：“梦的内容”里的每一个组成部分都具有多种意义，它们所代表的梦念也不止一种。

如果能够对梦里的每一部分都进行认真的检查，看它们是怎样从“梦念”演变而来的，那我们必定会有更多的认识。那“彩色插图”指引着一个新的内容——同事们批评我所从事的研究工作，以及梦中明显地涉及我的个人爱好的内容，还有那久远的童年时代，我曾把彩色画页一张张地撕毁。“已经脱水的植物标本”使我联想到上学时的植物标本册，这一点在梦里尤为鲜明。所以，我们可以发现“梦念”与“梦的内容”的关系，不仅梦的内容里的各个组成部分均代表了一种“梦念”，而且每一个“梦念”又可以用许多不同内容来表达。也就是说，从梦的某一部分入手，经过分析后能够发现好几个“梦念”。相反，从某一“梦念”入手，也可以发现好几个梦的组成部分。在梦的形成过程里，所有的“梦念”并不是逐个的、以筛选的方式形成了梦的内容（就像按照一定的人口比例，每多少个人里选出一个代表一样）。实际上，所有的“梦念”都是同时经过了某种选择方式，而在这些“梦念”里，只有那些最为完整、强烈并且最具实力的意念才能够成为“候选人”，所以这种过程有些类似于“民主选举”。从我解析的所有梦例里，都能够证实这个规律——整个“梦念”经过演变形成了梦的内容的各个部分，而梦的内容的各个组成部分也包括了许多个“梦念”。

如果用“词”或“意义”来表达梦的“凝缩作用”，可能更容易被人们所理解。一般情况下，梦里出现的“词”通常代表着“某种事物”。梦对这些“词”的处理方式就和对那些梦念的处理方式一样，都需要通过前面提到的“合并程序”。所以，在梦里就出现了各式各样的离奇古怪的新词。为了有助于读者的理解，下面我们来看一些实际的梦例。

（1）我收到一份同事的论文，从它的内容上看，我认为它有些高估了最近生物领域的发现，并且文中涉及他本人的一些言辞也过于夸大。就在当晚，我的梦中就出现了一句批评这论文的话：“它确实是属于‘Norekdal’类型的。”起初我对这个新词的形成感到非常的迷惑不解。显然，这个词是对一些语气很强烈的形容词（诸如 colossal：巨大的、pyramidal：顶尖的）的戏谑模仿，但对于它的来源我却无法说清。后来，我才发现这个词可以拆分为两部分：Nora（娜拉）与

Ekdal（埃克达尔），而这两个词又分别来自易卜生的两部著名的歌剧[①]。前不久我在报纸上读到一篇评论易卜生的文章，而此文作者最近的一篇新作，正是我在这个梦中所批评的对象。

（2）我的一个女病人梦到了。

一个有英俊胡须的男人，他的眼睛里闪烁着一种奇异的光彩，他的手指向一块指示牌，那个牌子上写着"uclamparia - wet"（因为德文原稿无法译出，此处是英文译者的自创——译者注）。

分析：梦里那个男子的相貌非常威严，那奇异的眼神可以让梦者联想到在罗马的圣保罗教堂里，她曾见到的一幅非常精美的教皇的画像。过去有一位长着金黄色眼睛的教皇（这其实上只是一种幻象，但它确实很引人注目）。经过她认真回想，她发现梦里的这个人长得很像她的牧师（教皇），但那英俊的胡子却让她想到了她的医生（也就是我本人），至于那人的体形又很像她的父亲。这些人都有一个共同点——能够指引梦者本人的生命之路。如果我们再进一步的分析，那"金黄色的眼睛"就意味着"金子"，"金子"又与"钱"有关，而这位女病人所接受的心理治疗确实代价不菲，于是这使她很心疼。"金子"，又使她想到了治疗酒精中毒的"金治疗法"——D 先生，如果他不那么嗜酒，她就会成为他的妻子。她倒是不反对人们偶尔喝些酒，她本人有时也会喝一些啤酒或是低度的酒。酒又让她回想起当年的圣保罗教堂以及四周的景色，她想到在教堂附近的一家名叫 Three-Fountains（三泉）的寺院里，她曾经喝过一种由 Troppist（天主教的其中一支）僧侣们用"尤加利树"酿造而成的酒。然后她对我说起

① 这里指《傀儡之家》和《疯狂的公爵》中的主人公。

了那些僧侣怎样在沼泽地里种植尤加利树，从而使一大片沼泽地成了肥沃的土地。“uclamparia”这个词可以看成是“eucalyptus（尤加利树）”与“malaria（疟疾）”的复合，而“wet（潮湿）”这个词则是由沼泽地引起的联想所形成的。另外，“wet（潮湿）”的反义词是“dry（干燥）”。而上面她提过的那个D先生的名字就是“Dry”，这个名字则源于德文字根“drei”（可译为“三”），这样一来就又与“三泉寺”发生了联系。当我们说到D先生的酒瘾时，她曾夸张地说：“他连一眼泉水都能喝掉！”而D先生本人也经常解嘲地说：“我总是喝酒是由于我总是‘干涸’的。”（这里意指他的名字Dry）至于那个eucalyptus（尤加利树），就是指她患有焦虑症，这个病曾被误诊为malaria（疟疾）。因为她每次心理病发作的时候总是忽冷忽热的，以至于在意大利时被人误诊为疟疾。而她本人也以为是那种“尤加利树汁酒”治好了她的病，并对此深信不疑。

从上面的解析中，我们可以知道“uclamparia－wet”这个经过凝缩的产物，正是这位心理病患者的病症与她所做的梦之间的一个融汇点。

（3）这个梦是我自己的一个梦，它比较冗繁杂乱。梦里我好像是在航海，我突然间想起了我的下一个站点是Hearsing港，之后的站点是Fliess。后者与我的一位住在B城的朋友的名字一样，B城是我经常去的一个城市。而“Hearsing”这个复合词则与维也纳近郊的地名相仿，那里的地名通常在结尾处加上“ing”，如Hietzing、Liesing、Moedling（meae deliciae，古代米底亚用语，意思是“我的快乐”，但德文的“快乐”是我的名字Freude）等等。在它之后加上一个英文“Hearsay”，就成了“诋毁、诽谤”的意思了。这与我前些天里所发生的某些无关紧要的印象产生了联系——我在一个名叫“Fliegende Blaetter”的杂志上看到的一首讽刺侏儒 Saidhe Hashesaid 的诗。另外确实有一个由“Fliess”加“ing”的地名，它是“Vlissingen”，这个地方正是我兄长来看望我们时所路经的一个港口。英文里把“Vlissingen”称为“Flushing”（脸红），这使我想到了一些患有惧红症（Erythrophobia）的病人，而我本人也曾处理过这样的病例。另外还让我想起了别赫切列夫所写的一本关于这种病症的书，它使我愤愤不已。对于这种音节上的分析，用“音节化学”来形容它并不显得夸张。在我们的日常生活中，也有很多类似的例子。比如说，想找到“银子”的最好的方法是什么？你最好到生有银莓的地方去找。采些银莓回家，把那些“莓籽”去掉，剩下的不就是“银子”了吗[1]？

也许，第一个看完本书的读者会这样批评我（后来的读者们可能也会赞成这个批评）：“按照你的这种说法，那做梦的人未免也太富有幽默和机智了吧！”可事实确实如此，如果用这种批评来暗喻梦的解析者，才会遭到驳斥。但对于梦中所表现出的幽默，并不是我一手炮制的，它与梦的形成中一种特殊的精神状态有着直接的联系。梦之所以会这样，往往是由于对意念的直接表达方式不能够顺利进行。直到现在，读者们可能还会认为我的那些心理病人的梦里所表达的幽默并不在我提出的这些梦例之下。所以，这些批评将敦促我把“梦的工作”与这种幽默机智之间的对比研究继续进行下去。

解析梦中所出现的那些离奇古怪的新词，对研究梦的“凝缩作用”的程度将很有助益。但千万不要认为我刚才所列举的那些梦例是

---

① 此为英译句。

极为少见的、或是纯属例外的梦。实际情况恰恰相反，这种梦比比皆是。可惜的是，在心理分析的治疗过程里，把梦的解析记录下来并整理成册的情况很少，而对于那些梦例的解析，其中的多数内容也只有精神病理方面的学者能够理解。

我们可以断定梦中出现的一些话语确实与某种意念有关，因为这些“梦的话语”都源自于“梦的材料”里那些印象深刻的话。这些话语的措辞可能是原封不动的，或是稍稍改动了一点儿。“梦的话语”通常是由一些词拼凑而成的，但其语法可能不会发生改变。这样一来，整个句子就变得晦涩难懂了。有时甚至连语法也被做了改动。但是不管怎样，这些“梦的话语”仍是对一些印象深刻的话语的追忆和重复。但最近我却发现了一个例外：梦者是一位被“强迫症”深深困扰着的青年男子，不过他的智力并没有因此而受到任何干扰。他梦里所出现的话语就不是他曾说过或听过的话，而是他的内心里那些强迫观念的直白表现。可是，当他在清醒状态时，这些话却能够通过一种改头换面的方式被表达出来。

第二节　移植作用

在我对“凝缩作用”的有关梦例进行收集和整理的时候，我发现了梦的另一个因素，而且它的重要性一点也不亚于梦的“凝缩作用”。有些在“梦的内容”里占有重要地位的元素，如果把它放在“梦念”里却完全不同。与之相反的情况也不少见，那些在“梦念”里处于核心的部分，在梦的内容里却没有得到任何反映。这就是梦，它让人们捉摸不定，但从“梦的内容”里通常是发现不到“梦念”的核心问题的。

在日常生活中留意一下我们的心理过程，就会发现这样一种现象：我们的某个意念往往是从很多个意念里精选出来的，这个被选出的意念处于举足轻重的地位，这样我们就会得到一个结论——在这些显著的意念里必定蕴含着某种特殊的精神价值（某种程度下的兴趣）。可是我又发现在梦形成的时候，每一个这样的元素并不存在于“梦念”里，或者是根本就被忽略了。因为“梦念”里各个意念的价值都旗鼓相当，所以就需要我们自己来进行判断和抉择。在梦形成的时候，有些蕴含着极高的精神价值的重要元素通常会变成次要元素，而那些次要的、往往无关紧要的元素却取代了它们的地位。从表面上看，梦的形成似乎并不重视一个意念里所蕴含的精神价值的高低，反而是以这个意念里包含了多少意义来作为取舍的。我们总是认为那些出现于梦的内容里的意念并不是“梦念”的核心部分，它们只是出现的次数较多而已。可是这种说法并不能增加我们对“梦的形成”的了解。从本质上说，我们无法确切得出两个都具有丰富的精神价值和多种意义的意念，如果它们不相背离就可能对梦的选择产生影响这样一个结论。在“梦念”里处于核心地位的意念很可能会出现很多次，因为各个“梦念”的元素都是从这些核心里扩散出来的。可梦还是会排斥这些反复出现的、并经过特别强调的元素，反而接受了其他一些只出现过几次的次要意念来成为它的内容。

对于这个难题，我们可以通过对梦内容里的“多重决定”的研究来解决。对此有所了解的读者们，或许自以为找出梦内容里的各个元素包含的意义并不是一件重要的工作。因为在分析梦的时候，我们都是从梦里的各个元素入手，然后找出由这些元素所产生的各种联想并把它们全部记录下来。所以在记录下来的资料里，有关的这些元素重复出现的可能性理所当然会很大。我并不能认同这种反对意见，但在这里我只想说明我的观点：通过对梦进行解析后得到的多种意念中，有些意念与梦的核心相差甚远，仿佛它们是为了达到某种目的而人为添加进去的。但这种目的很明显是为了使“梦念”与“梦的内容”之间形成某种关联，可这种关联通常是牵强附会的。在很多情况下，如果在解析梦时并没有发现那些占有重要地位的元素，那么梦的内容里的各个组成部分不但得不到“多重决定”，甚至连“足够的决定”都无法实现。从以上的论述中我们可以得到这样的结论：在梦的选择对象里，那些占有决定性地位的“多种意义”可能并不会始终都是梦在形成过程中的最主要因素，有时它们只是一些未知的精神力量的次要产物。然而，如果各个元素都要在梦的内容里得以表现，多重决定依然是很重要的因素。因为我们发现，有时这些“多种意义”很难从“梦的资料”中发掘出来，必须下一番工夫才能获得。

我们可以作一个设想：梦在其工作过程中，存在着一种精神力量，它一方面消除那些精神价值含量很高的元素里所蕴含的精神强度；另一方面又通过“多重决定”的方式，在那些精神价值较低的元素里塑造出重要的新价值，并使它们分别出现在梦的内容里。如果梦的形成过程确实如此，我们就可以这样认为——在梦的形成过程里，在各个元素之间会产生一种“精神强度的移植作用”，而“梦念”与“梦的内容”的巨大差异正是由此而形成的。其实，我们所假设的这种心理运作方式确实是梦的工作里最为重要的一个环节，我们称之为梦的“移植作用”。它与梦的“凝缩作用”是我们在分析梦的结构时所发现的两个关键性因素。

我认为通过梦的“移植作用”来解释梦里所包含着的精神力量是一件轻而易举的事。这种“移植”的结果就是使“梦念”的核心部分与“梦的内容”不再有任何关联。这样一来，潜意识里的愿望就只能出现在这种被改装后的梦里。在前面的章节里我们已经论述了“梦的改装”，所以我们可以回想一下人们的精神世界里某种“心理步骤”作用于另一种“心理步骤”的“审查作用”。而我们这里所讲的“移植作用”正是促成梦的改装的一种主要方法，因此我们就能够假设梦的“移植作用”是在“审查作用”的作用下产生的一种精神防御。

在梦的形成过程里，“移植作用”、“凝缩作用”还有“多重决定”这三者的主次之分将在以后的篇章里进行论述。这里需要提出的是，意念能够在梦中出现的第二个条件——它们能够避免“审查作用”的抵抗。有了这个前提，我们就可以断定梦的“移植作用”是一个无可否认的事实。

第三节 梦的表现方式

在梦的潜在意念转变成梦的内容的过程里，我们发现有两种因素在同时发挥作用——“凝缩作用”和“移植作用”。下面我们还会遇到别的重要因素，它们的作用是决定什么样的材料会在梦中出现。

这里我觉得有必要先简略地说明一下梦的解析程序。我必须把这个程序解释得更明确一些，并能让那些批评家们对此也深信不疑，这种最为有效的办法就是列举某个特别的梦例，然后对它进行详尽的解释（比如那个“伊玛打针”的梦）并把观察出的“梦念”收集在一起，由此来发现构筑这个梦的程序。简而言之就是通过梦的合成来完成梦的解析。

在对各种梦念加以合成并以此来构造梦的过程里，我发现那些经过分析而得到的资料并不具有相同的价值，反而是只有一部分能够成为主要的梦念——也就是说，在梦中那些基本的梦念在不存在“审查过程”的情况下，它们就足以使整个梦发生改变。还有一些梦的材料往往被认为是无关紧要的，但关于“这些材料对梦的形成也起了一定作用”这样的意见，是无法作出证实的。与之相反的是，从做梦之后到对这个梦进行解析的这段时间里，或许会有一些能使它们相互关联的事件发生。而这部分材料既包括了从梦的显意指向梦的隐意的一切连接方式，也包括了某些中间的连接枢纽——在我们进行梦的解析时，只有通过它们才能找出那些连接方式。

我们目前只是对那些基本（重要）的梦念深感兴趣，这些基本的梦念往往是一组极其繁杂的记忆和思想的集合体——由我们在清醒时所熟识的思想系列提供。这些思想系列尽管彼此间都存在关联之处，但它们通常是从很多不同的制造中心里扩散出来的。而且每一个思想系列都无一例外地附带着它们的对立观点，并与这些对立的观点互相关联。

另外，这些繁杂结构的不同部分之间，又存在着许许多多的逻辑关系。它们可以代表了前景或是背景、跑题或是说明、各种各样的情况、各种佐证或是驳斥。当整个梦念都处在梦工作的重压之下时，这些元素就被扭曲、碾碎，最后被压挤在一起（就好像把碎冰块压挤在一起那样）。这就产生了这样一个问题：那些基础的逻辑框架变成什么样了？梦里又是用什么东西来表示“假如”、“因为”、“好像”、“虽然”、“不是……就是”之类的连词呢？要知道，如果没有这些连词我们是不会理解任何句子或语言的。

我们想到的第一个答案就是：梦不可能运用任何方法来表达各个梦念之间的逻辑关系。总的说来梦把这些连词给忽略了，它只是把梦念的含义掠取过来并进行控制和处理。而我们在梦的解析中所做的工作就是再次建立起这些被梦的工作所破坏了的关联。

梦无法表达出这些逻辑关系的原因就在于构成梦的精神材料的特殊性质。比如绘画或是雕刻与诗歌相比，它们所受到的制约就是不能像诗歌那样可以直接运用语言来表达。同样的道理，它们的缺陷也在于它们表达某种思想时所使用材料的性质。在绘画艺术还没有发现它的表达标准前，曾尝试过弥补这种缺陷的方法——在古代的绘画里，画中人物的嘴里都要挂着一小段说明，用以表达作者那些无法用绘画的方式来表现的意图。

有些人也许会对“梦无法表达逻辑关系”这一说法表示怀疑。因为有些梦例毕竟表现出一种极为复杂的智力操作。梦里出现的种种叙述，可以表示为彼此互相矛盾，也可以表示为彼此相互证明，可以表示嘲讽也可以表示比较，这与清醒状态下的思想完全相仿。但我们却被这表面现象愚弄了，假如我们深入的探究这种类型的梦，就会发现全部的这种思想都是梦念的材料而并非智力活动在梦里的表现，属于思想的内容在梦中的表现形式只是梦念的选材而并非这些选材之间的相互关系，但能够构成思维的却是后者。可以确定的是，梦里出现的那些被强调的话语，都是记忆中的梦念材料的某些没有被更改的或是稍稍更改的话语的重现。这些话语通常暗指了梦念中的某个事实，但梦的意义却可以与之完全不同。

我并不否认，批判性的思想运作并非梦念材料的单纯重复，在梦的形成过程里它的确具有一定的作用，至于这一因素会起到什么作用，我会在以后的内容中加以讨论。那时我们就会清楚地知道，批判性的思想运作并不是梦念引起的，从某个角度来说，它只是梦本身在结束之后的产物。

我们暂时可以这么认为：在梦里，梦念之间的逻辑关系没有任何单独的表示。比如梦里出现了某种矛盾，那么这种矛盾或者是由于梦本身所致，或者是因为某个梦念的涵义所致。梦里的矛盾只能在特别间接的情形下，才会与梦念之间的矛盾相互关联。就像绘画最终发现了一种方法（并不是那种小说明）来表达文字的意思（如情感、恐吓以及警告等）。梦也会运用某些方法来表达梦念之间的逻辑关系，那就是适当改变梦的表现形式。一些梦把其材料的逻辑关系完全忽略掉了，而另外一些梦对此却尽量予以表现。所以，梦有时会与其处理材料相差甚远，有时却又相差无几。如果梦念在我们的潜意识里存在着时间上的先后顺序，梦对它们的处理也同样会有类似的变化程度(比如伊玛打针的梦例)。

但是梦的工作究竟是怎样决定梦念之间那些难以表现的（逻辑）关系的呢？下面，我将一一进行论述。

首先，梦对梦念之间的联系（这必定是存在着的）进行了大致的考虑，并把它们连接成一个单独的事件，所以就形成了连续性（时间）的逻辑连接。由此看来，梦有些像雅典学派即帕拿萨斯[①]画派的画家，他们把全部的诗人或哲学家都画在一起[②]。其实这些人从没有在一个大厅或是山头上聚会过，但从某些角度来看，他们确实是一个群体。

---

① Parnassus，希腊的一个山名，是 Apollo 和 Muses 诸神的圣地。

② 梵蒂冈拉菲尔的著名壁画《雅典学院》。

梦小心谨慎地按照这个原则办事，连一个细节都不漏掉。任何情况下，只要梦把两个元素拴在一起，就说明与其关联的梦念之间一定有着某种密切的特殊关系。这一点很类似于我们所使用的文字，比如“ab”表示了一个音节里的两个字母，那么在“a”和“b”中间加个空格，就表示了“a”是前一个单词的结尾，而“b”则是另一个单词的开头。因此，梦里的两个并列的元素并不是那些相互无关的梦念的随机组合，而是在梦念里，它们之间确实有着某种关系。

为了表示这种因果关系，梦使用了两种本质上一样的方法。假如有这样一个梦念：既然这个是这样的，那么，那个必定也会发生。最为常见的表达方式就是用从句来作为起始的梦，而主句就成为主要的梦了。虽然时间的先后关系可以相互颠倒，但梦的主要部分往往是与主句相对应的。

我的一个女病人曾做过的一个梦就是以这种方式来表现因果关系的。这个梦包括一个很短的序梦以及一个范围广泛的梦，而且梦的内容主要集中于一个“花的主题”上，这个梦我将在后面的文章里进行详细的解析，这里我只是简单提一提。

序梦：

她走进厨房，看见两个女佣人，她开始找她们的茬儿，说她们还没有准备好“那份食物”。她还看见厨房里有很多坛子和罐子都口朝下放置着，以便把水倒干。两个女佣人出去打水，途中必须要经过那条直接流进院子的小河。

主梦：

她从一个筑有奇特栅栏的高处走下来，她感到很高兴，因为没有任何东西勾绊她的衣服……

序梦与梦者父母的住所有关。梦里出现的那句话一定是她的母亲常说的话。厨房里的那些瓶瓶罐罐出自同一建筑物内的一家小店。梦的另一部分与她的父亲有关，他总是调戏家里的女佣人。因为住宅靠近河流，所以在一次发大水时，她的父亲得了重病死去了。所以，这个序梦表现出这样的意义：我出生在这个环境恶劣、地位卑微的家庭里。但主梦却把这个意义修改了，以一种愿望实现的方式表现出来：我出身高贵。把两者结合起来，这个梦的真实意义就是说："我的出身如此低下，我这一生也就只好如此了。"

据我所知，把梦分为这样两个不相等的部分，并不总是代表后面的梦念一定与前面的存在着某种因果关系。相反，我们会以为相同的材料往往以不同的观点分别在这两个梦中出现。（晚上做的最终导致了射精或高潮的一系列梦就属于这样的情况——这一系列梦使肉体需求得到了越来越清晰地表达。）有的时候，这两个梦可以从梦念的不同中心产生出来，此时它们的涵义会有些重复。所以这个梦的核心部分在另一个梦里只是以一种暗喻的形式存在，而那些并不重要的部分却是另一个梦里的核心。在一些梦里，把它分成一个较短的序言和一个较长的中心部分，也正是为了表示这两个部分之间存在着的明显的因果关系。

表现因果关系的另一个方法所涉及的材料则比较少，它把梦中出现的一个影像（包括人和物）转换成另一个。当这种转换确实亲眼目睹时（并不只是以某种事物替代了另一种事物），我们才能认真考虑这种因果关系。

上面我已提到过这两种方法的本质是一样的。在这两种情况里，其因果关系都是以时间先后顺序来表现的：前者是以梦的时间顺序来表现，而后者则是以一个影像转换成另一个来表现。但我必须承认的是，大多数的梦例里并没有把这种因果关系表现出来，因为在梦的过程里，它们由于各种元素之间无法避免的混杂而消失了。

梦在处理对立意见和矛盾时所采用的方法是非常引人注意的——它对此根本就不予理睬。对梦来说，“不”好像是根本不存在。梦有个爱好就是把那些对立的意见结合在一起，或直接把它们看成相同的事件来予以表现。梦甚至可以把原有的元素替换成相反的意思出现于梦中。所以，存在于梦念里的某些相反的元素，我们不可能简单地决定它们所具有的意义是正面的还是反面的。

在前面那个“花的主题”的梦里，梦者还梦到自己在跨越一些栅栏，手里还拿着一些开着花朵的枝条。她从这联想到手持百合花枝条的天使们向圣母玛利亚报告耶稣诞生的那幅画面（她本人的名字也叫玛利亚）。后来，她又联想到身穿白袍的少女，穿过两边长有常青树的街道，去参加基督圣体节的游行。因此，梦里所出现的那些枝条就是在暗示少女的贞洁。但那些枝条上的花朵都是红花，好像一朵朵的山茶。当她走到头儿时，大多数的花朵已经凋谢了，而这又在暗示着月经。这个纯真可爱的少女，手里拿着的似乎是百合花的枝条，其实也在暗示着茶花女。众所周知，茶花女在月经期会戴一朵红色的茶花，而平常都戴白色茶花。同样的枝条既代表了纯洁又代表了相反的一面。而这个梦既表现了梦者对自己度过的纯洁的生活感到欣慰，同时也表现出一些相反的意思（比如花的凋谢），她在为自己童年时代在贞操方面所犯下的过错而深感愧疚。在解析这个梦时，我们可以辨认出两条不同的思路：表面上似乎是在安慰自己，但实际上却是在责备自己。这两条思路截然相反，但是它们这些相似但又相反的元素都是由梦的显意里的同一元素体现出来的。

梦的形成机制中最喜欢的逻辑关系只有一种，这就是好像、和谐或是相似的关系，即“恰似”。这种关系不同于别的关系，它能够以多种不同的方式在梦中表现出来。构筑梦的第一个基础就是梦念之间原本存在着的平行关系或是我们刚才提到的“恰似”关系，而梦的绝大部分工作就是创造出一些新的平行关系，并用它们来取代那些早就存在但无法通过审查过程的梦念。梦的工作是倾向于凝缩的，因此它极力赞成这种“恰似”关系。

相似、和谐和具有共同属性，在梦里它们都是以单元化来表现的。这些关系也许是原先就在梦念里存在着的，也许只是刚刚被创造出来的。第一种可以称之为“等同”，第二种可以称之为“复合”。“等同”只会在人物上起作用，而“复合”指的是对事物的统一，但后者也可以作用于人物身上。对于地点而言，一般都同人物一样看待它们。

在“等同作用”里，只有那些与共同元素有关的人物才会出现在梦的显意中，而其他的人物被压制了。出现在梦中的这个单一覆盖的人物，在全部的关系以及环境里，指的不是他自己就是指那些被他所覆盖的人。在“复合作用”里，就扩展到好些人物了。梦中的影像把各个人物的特性都结合在一起，而不表现他们所具有的共性。所以，这些特性的结合形成了一个新的集合体，因此就出现了一个复合人物。“复合作用”的真实过程可分为好几种不同方式，有时梦中出现的人有着与其相关人物的名字。在这种情况里，我们可以很明显看出来，因为这与我们清醒时的认识非常相似：这正是我所指的那个人，不过他的模样却是另一个人的；有时梦中的影像一部分是这个人的，而另一部分又很像另一个人；或者第二个人物并不是以相貌参与在梦中的，而是以梦中人的行为、话语以及周围的环境来表现出来的。在后种情况下，“等同”与“复合”的区别就不明显了。有时塑造这样一个复合人物可能会失败。在这种情况里，梦中的情景就会归于其中的一个人物，而别的人物（通常也是重要角色）都成为无所事事的旁观者。有时梦者会这样来形容这种情形：“我的母亲也在场。”梦里的这些元素与象形文字中的决定因素相似，它并不是用来发音的，而是用来说明解释其他符号的。

那些用来复合两个人物的共同元素可能在梦中得以表现，但也可能被删掉。一般情况下，“等同”或是“复合”一个人物的原因就在于避免共同元素的出现。为了避免“A 敌视我，B 也这样”这样的现象，我就在梦中塑造了一个 A 和 B 的复合人物，或者是我想象 A 的行为动作是 B 才具有的。通过这种塑造而成的新人物就有了新的关联，它代表着 A 和 B 两者，从而使我可以在梦中合适的地方穿插进一个它们所共有的元素——对我的敌视态度。这种方法通常可以使梦得到明显的凝缩——如果通过一个人可以把同样的情况表达得很清楚，我就不用再表达另一个人的纷繁复杂的情况了。我们也不难看出，利用这种“等同”的方法也能够避开“审查作用”的抗阻，而抗阻也正是梦的工作中最为严厉的一环。审查作用所反对的可能恰好就是梦念中专属于某个人物的某些特定观念，于是我继续寻找另一个人物，他也与这些反对的材料有关，但只占很少的一部分。于是这两个人都具有了这样一个共同点——他们都通过不了“审查作用”。一个新的复合人物就此产生了，他具有这两个人的一些无关紧要的特征。不论是“等同”还是“复合”，总之这个复合人物成功地通过了“审查作用”而进入了梦的内容里。因此，运用梦的凝缩作用，我终于满足了“审查作用”的要求。

当梦表现出两个人所共有的元素时，通常也在暗示着另一个被隐藏的共同元素，这个元素由于“审查作用”的原因而无法直接表现出来，这些共同的元素为了达到顺利表现的目的，就产生了移植作用。由于梦里的复合人物总是具有一些无关紧要的共同元素，我们可以由此断定——梦念中必定隐含着另外一个非常重要的共同元素。

从以上的论述中，我们可以得到“等同作用”或“复合人物”所服务的多重意义：第一，它代表了两个人物所共同具备的元素。第二，它所表现的这个共同元素是被移植了的。第三，它代表的仅仅是一种一厢情愿的共同元素。为了找到两人之间的一个共同元素并使它能经常适应于这两人的相互移植，梦就通过了“等同作用”对此进行表现。在伊玛打针的梦里，我的愿望是她可以被另一个病人所替换。即，我希望另一个病人像伊玛那样接受我的治疗方案。梦是怎么来实现这个愿望的呢？在梦里有一个叫伊玛的女士，可是她所接受的检查方式却是我曾经见过的另一个女士的。在我的叔叔那个梦里，梦的核心就是这样的替换——我用处置和评判同事的做法来把自己假设成了部长。

依我的经验，我发现每个梦都无一例外涉及梦者本人，梦完全是利己的。当自我并没有在梦里出现，而是代之以另外一个人的时候，我可以断定，自我必定利用了“等同作用”隐藏在这个人的背后，从而使我的自我出现在梦的内容中。在别的梦里，假如自我在梦中确实出现了，那么同样别人的自我也会利用“等同作用”隐藏在我的自我的背后。所以，在分析这一类梦的时候，通常要特别注意我与这个人之间的共同元素（这些共同元素与这个人是相互连接的）。还有些梦里，自我首先是附着于别人身上，在“等同作用”消失之后又使我的自我出现了。因此通过“等同作用”，使我能够发现属于自我的哪些意念是不能通过“审查作用”的。这样自我就可以在梦中出现好几次，有时是直接表现的，有时又是“等同”于别人来表现的。经过若干个“等同作用”，就可以把许多的梦念凝缩起来。梦者的自我可以在梦中出现好几次或以不同形式出现，其实与自我在清醒状态下的不同时间、不同地点以及不同关系下的思想是完全一样的——比如这个句子：“当我想到我从前是多么健康的一个孩子。”

梦之所以这样荒诞离奇，最主要因素就是这种创造复合结构的可能性。它把一种并非真实感受的元素引入了梦中。构筑复合影像的精神程序，和我们在清醒状态下的幻想或描绘出恐龙以及半人半马的怪兽等情形很相似。唯一的不同点是：清醒状态下，所要创造出的新的结构决定了想象事物的外观；但梦的复合影像却并不取决于他们的外观而是梦念所包含的共同元素。梦中出现的各种复合结构可以通过多种方法来形成。最简单的方法，就是直接用某物来表现。但这种表现往往也暗示着它还有其他属性。而复杂的方法是把两个事物进行合并，从而形成了一个新的影像。在其合并的过程里，完美地运用了这两者，在现实中所具有的相似之处。这些新的影像或许是奇形怪状的；或许是美妙绝伦的。这与原有的材料以及合并的技术有直接的关系。如果要凝缩成为一个单一体的各个对象非常不协调，梦的工作就会创造出这样的一个形象，并对此心满意足——一个非常明确的核心，却伴随着一些并不鲜明的特征。在这种情况下，我们可以认为构筑这个单一体所做的工作是失败的。这两种表现方法反复出现，于是就形成了某些在性质上相当于两个影像相互竞争的事物。在绘画中，如果画家把多种单一的视觉形象组合成一个统一的形象，也会得到类似的结果。

梦是由上述的那种合成物复合而成的。这里我仍以那个“花的主题”的梦为例来解释这种复合物。从前面我对这个梦所作的一些解释来看，梦者手里的枝条既代表了贞洁，也代表着自责和罪恶。梦者从花朵在枝条上的排列顺序中联想到盛开的樱桃花。这些盛开的花朵中，有几朵好像是山茶花，但总的印象却更像一种外来的植物。这些盛开的花朵就是一个复合体，它由梦者喜欢的种种礼物组成。在她的童年时，有人送给她樱桃花；后来有人送给她山茶花；那朵“外来”的花是一个周游四方的自然科学家为了讨她的欢心而亲手画的一种花。我的另一个女病人梦到了一座建筑物。它介于海滨的更衣室、乡村的露天厕所和城市住宅的顶楼之间。前两个元素与裸露有关，它们与第三个元素相结合则说明了在顶楼里换衣服的情景（她小的时候确实这样做过）。有一个女孩的哥哥答应要给她买一种鱼子酱后，她梦见哥哥的腿上糊满了黑色的鱼子酱颗粒。这种（道德意义上的）“传染病毒”元素，她童年时曾患过一次皮疹（当时她的双腿布满了红色的斑点，而不是黑色的）以及黑色的鱼子酱颗粒，这三点共同复合成一个新的内容——她从哥哥那里得到的东西。在这个梦里，人的肢体也被当成某种物品了。

前面我已经讲过梦无法来表达对立或者是矛盾的关系，即“不”的观念。我现在将对这个结论提出否定的意见。有一种梦就可以归为这种“相反”的情况，并完全利用“等同作用”来进行表现的。在这些梦里，替代或转换的意念是与其对立面相联系的。我在前面已列举过类似的梦例。还有一种梦则属于所谓的“恰恰相反”这一类型，它是以一种非常特殊的形式在梦里表现出来的——似乎可以把它看成一种玩笑。这种“恰恰相反”在梦中并不是直接呈现的内容，而是把那些在梦的内容里正好与它相邻的部分进行歪曲和转变——好像是一种事后回忆。

顺便说一句，在梦的工作中最喜爱的表现方式就是把某件事转变成它的反面。这种运作方式是非常广泛的。首先，它能使梦念中的某些特殊元素的愿望得以满足：“如果这件事正好相反的话，该有多好！”这通常是我们对一些不如意的回忆的最好表达方式。另外，它还是避开“审查作用”的一种行之有效的方法。因为它能够形成很多被歪曲的材料，从而具备了一种麻痹的效应。如果一个梦顽固不化地隐瞒着它的意义，从梦的显意里那些正好相反的特别元素入手，这样整个梦就会清晰明朗起来。

除了主题的颠倒之外，我们还要留意时间的颠倒。梦的改装通常是把事件的结果或是某一系列思想的结论表现在梦的开头部分，而把事件的原因和结论的前提都放在了梦的结尾部分。忽视了这个问题，梦的解析的进行就会无从下手。因此，在某些梦例中，只要把梦的内容颠倒一下，才能发现这个梦的意义。

如果我们要对梦念与梦内容之间的关系进行更为深入的研究，最好的方法就是把梦本身看作出发点，然后再考虑梦的表现方法里那些形式特征与背后的意念之间的关系。应当注意的是，梦里的各个影像均存在着不同的感觉强度差异，并且梦的各个部分或者不同的梦之间，也都存在着不同的清晰程度的差异。

梦里各种影像的强度差异所存在的范围，从人们以为的“当然比现实的还要清晰”，直到我们认为的梦的特征“必然会出现令人焦躁的模糊”。这种模糊度与我们在真实环境里所感知的不清晰度是无法比拟的。我们通常把梦里模糊的对象称为“消逝的”。而对于那些清晰的影像，我们认为它们必定经过了长时间的酝酿。可是现在的问题在于，究竟是梦念里的什么东西来决定梦中不同部分的清晰程度呢？

要回答这个问题，我先从分析一些可能出现的情况着手。由于梦的材料里有时会含有一些在睡眠时所体会到的真实感受，因此有人这样说：“源于这些真实感受的梦内容肯定有特别的强度，反过来说，在梦中特别清晰的影像也必定源于睡眠时的真实感受。”但从我的经验来看，这种说法从来不能成立。说在睡眠时所体会到的真实感受（如神经刺激）会使梦中产生的影像比记忆中的还要清晰，这种观点绝对不是事实。总之，现实的因素对梦中影像的强度是没有任何影响的。

也许，我们还会这样认为：“梦里影像的感觉强度（清晰度）应与其相应的梦念中所蕴含的精神强度有关。”但精神强度就相当于精神价值，所以最清晰的元素也就是最重要的元素，即梦念的核心。但我们知道，那些真正的重要元素是无法通过“审查作用”出现在梦中的。也许代表它出现在梦中的直接派生物本身就带着某些较大的强度，而这些派生物不一定就是梦的核心。所以这种假设从对梦的比较分析来看也是错误的。梦念里某个元素的强度与梦内容里与之相应的元素的强度也是完全无关的。事实上，梦念与梦内容之间发生了正如尼采所说的“所有精神价值的完全转换”。那些在梦念中占有重要地位的元素，它们的直接派生物只会短暂地存在于梦中。如果与一些强度更大的影像相比，它们就显得黯淡多了。

事实上，梦中各个元素的强度是由两个单独的因素来决定的。第一，完成“愿望的实现”的元素表现出的特殊强烈的强度；第二，从我们对梦的解析过程来看，梦里最清晰的部分应是很多思想系列产生的起始处——那些本身具有最多决定因素的元素。也可以这样表述：需要进行最大的凝缩作用的那些元素，就是强度最大的梦的元素。我们希望最终会以一个公式来表现这两个决定因素与强度之间的关系。

在一些梦例中，我们惊奇地发现，梦的清晰度和梦的构造毫无关联。相反，它是由梦念的材料直接引起的，而且它本身就属于梦念的一部分。我曾做过一个梦，醒来后觉得它的结构完整、清晰并且完美无缺，以至于还处于梦中那种朦胧状态的时候，我就想到了一种不受“凝缩作用”与“移植作用”影响的梦。它应该属于那种“睡眠时想象”的梦。然而当细致地研究这个梦时，我发现它同样存在着其他梦所具有的缺点和遗漏，因此我也就彻底消除了“梦的想象”这种分类的想法。这个梦的内容说明了长期以来我和我的朋友弗利斯一直探寻并困扰着我们的两性问题。可是，梦的“愿望实现”的力量使我认为这个并未出现在梦中的理论是清楚与完美的。因此，我认为“梦是完整的”这个判断本身就是这个梦的内容，并且还是梦内容的重要部分之一。在这个梦例中，梦工作侵入了我刚睡醒的思想里，并让我觉得这是自己所作出的判断。事实上它仅仅是梦里没有得到正确表现的梦念的部分材料。

对梦添加注释或一些表面上并无恶意的评论，这种方式通常是用于掩饰梦内容里的那些十分微妙的部分，尽管它并不能把真相隐藏住。

在梦中经常出现的那些非常接近于焦虑的被禁制感，又意味着什么呢？在这种情形下，我们很想前行但又无法移动；或是我们很想得到某物却又被一些障碍物阻挡着；或是火车马上就要开动了，可是无论如何也无法赶上；或是想要挥起拳头对自己受到的侮辱进行报复，可是手臂却是软弱无力的……这样的例子多得不胜枚举。在前文中我们在赤裸的梦例中已经提到过这种感觉，但当时没有真正分析过它们。产生这种感觉的一个简单但并不成熟的答案是睡眠时经常出现的运动麻痹。但是这种被禁制的（麻痹）运动为什么不会总在我们的梦中出现呢？对此可以作一个合理的假设，在睡眠状态中这种麻痹感可以随时被唤醒，它能够促成某些特殊的表现方式，而且只有在梦念的材料需要这样表现时它才能被唤醒。

“对任何事都无能为力”，并不仅仅以一种感觉的方式出现在梦中，有时它还会成为梦里的一部分内容。我可以列举一个梦例很好地解释这种梦的意义。下面是这个梦的节选，梦里我的忠诚受怀疑而被人控告。那个地方是一个私人疗养院与某个机构的混合场所，有个男仆出来传我去接受审查。因为有些物品丢失了，所以这个审查就是关于有人怀疑我与丢失的物品有牵连的。从梦的分析来看，这审查（或检查）具有双重意义，其中包括医疗检查。由于我自知是无辜的，另外又是这个机构的顾问，于是就默默地跟着那个男仆。我们在门口遇见了另一个仆人，他指着我说：“你怎么会把他带来？他可是一位值得尊敬的人。”然后我自己走进一个大厅，那里摆放着很多机械，它们使我联想到了地狱还有令人生畏的刑具。我还看见一个同事躺在其中一个机械上，尽管他也同样看见了我，但他根本没有理我。后来，他们说我可以离开了，但我发现自己的帽子不见了，并且根本无法行动。

这个梦所要实现的愿望显然是“承认我是一个诚实的人，并且可以走了”，所以梦念里必定包含着与此相反的各种材料。“可以走了”表示着我被赦免了。在梦的结尾某些事的发生使我无法离开，这就意味着那些蕴含着矛盾的抑制材料在此时得到了体现。于是“我的帽子不见了”也就意味着“你毕竟不是一个诚实的人”。由此看来，梦中的“对任何事都无能为力”其实表示的是一个反面，即“不”。所以，我不得不对前面所说的“梦是无法表达‘不’的”这句话进行修正。

在有些梦中，“对任何事都无能为力”并不是一种情景，而是一种感觉。并且这种被禁制感有一种更为强烈的表达——它表现了一种由反意志所压制的意志。被禁制感代表了一种意志的矛盾。在后面的章节里我们就会知道，睡眠状态里所伴随的运动麻痹，正是做梦时精神程序的基本决定因素之一。我们知道运动神经所传导的信息只是意志力的表现，而且已经确定，在梦里这种传导如果受到了抑制，就会使全部过程更适合代表意志及其反意志的行为。另外，我们不难发现，这种被禁制感与焦虑是那么的接近，而且在梦中它们通常也是有联系的。焦虑是一种原始欲望的冲动，它源于潜意识同时又受到潜意识的禁制。所以梦中焦虑在与被禁制感相连时，必是某个时刻产生的一种原欲的意志力量。也就是说，它必定是性冲动的问题。

有趣的是，有时梦里的一部分内容又被描述为“我梦到……”，也可以将之表述为“梦中梦”。基于这个事实——从“梦中梦”里醒来后梦中所梦到的内容正是梦的愿望想要加以掩盖的真实部分——我们可以合理地假设，梦里所梦到的内容是真实的（回忆）表现。相反，梦中所出现的其他事物只是梦的愿望而已，其意思也就相当于

"但愿梦里所梦到的事物从来都没有发生过"。也就是说，如果某个事件以"梦中所梦到的内容"为形式插入到梦中，就可以断定这是在暗示这个事件的真实性。这一点是毋庸置疑的，而梦的工作则利用"梦到的"来达到一种否定的形式，由此更能证实"梦是愿望的实现"这一结论。

第四节　梦材料的表现力

迄今为止，我们探讨了梦对梦念进行表现的方法。我们已经知道在梦形成之前，梦念必须经过某些程度的改变，并且我们对这方面的一些深层次内容（除了其一般的规律以外）也有所了解。我们已知道，梦的材料在被剥夺了自身的很多联系以后，还要被挤压和抑制。另外，由于梦元素不同强度之间存在着移植作用，这在梦材料之间实现了精神价值的转变。但是，我们目前所讨论的移植作用仅局限于某个特别意念和与其相近的意念之间所进行的转换。这个过程促使了凝缩作用的产生，并且使某个介于二者之间的共同元素而并不是两个元素得以在梦中出现。我们还没有提到过其他任何移植作用，但分析表明还存在着另一种移植作用，它的作用就是把有关的思想在语言表达上进行移植。在这两种情况里，移植作用的基础都是一系列的联想。这种过程很可能发生在不同的精神领域，而且移植作用的结果，或者是一个元素替代了另一个元素，或者是一个元素的语言方式替代了另一个元素的语言方式。

第二种"移植作用"不仅具有重要的理论价值，还可以解析梦在被改装时表现出来的荒诞外表。在通常情况下，"移植作用"的结果使梦念中某个抽象单调的概念转变成影像或具体的形式，这种转变的优点和目的显而易见。对梦来说，凡是能被形象化的事件都可以被表现出来。这种表现往往是非常困难的，其困难程度并不亚于把报纸上的某个政治标题用图形的方式表达出来。这种移植不但增强了表现力，而且还会使凝缩作用和审查作用从中得到好处。以抽象的方式所表达的梦念都是不能加以利用的，但当它们变成影像语言时，梦的工作所需要的对比和等同作用就会便利地确立起来。这是由于在任何一种语言的发展过程中，那些具体的名词要比概念的名词有更多的关联，而且更富有联想力。我们可以想象，在梦形成的中间环节里（使那些繁杂分散的梦念变得简洁统一），它所做的大量工作就是把梦念转变成合适的语言表达形式。不论什么思想，只要它的表达形式出于某种原因而被固定下来，它就有可能对其他思想的表达形式形成决定性的和选择性的影响，它很可能从起初就存在。就像作诗一样，如果诗需要押韵，那么两句诗的后句就要受到这样两个条件的限制：它必须能表达出某种合适的意义，它的表达方式必须与首句押韵。显然，我们从一首好诗中无法发现那种刻意寻求押韵的痕迹。它所要表达的意义互相影响，从一开头就选定了某些词汇。经过稍微变动后，其诗韵就表现出来了。

在某些梦例中，这种表达方式的改变甚至可以对梦的凝缩作用产生直接的有利的影响，原因是它以含混的词汇来表达多个梦念。语言的智慧就这样被梦工作所运用。我们并不需要为梦形成中词语所充当的角色而感到惊奇，词语是许多意念的交汇点，所以它们注定是含混的。心理病患者（例如在形成强迫性观念和恐惧症时）也会利用这些词汇所具有的优势（其程度并不亚于梦），来达到凝缩作用和改装的目的。

很显然，梦的改装也会因这些表达的转换而受益。假如用某个含混的词汇来代替两个具有明确意义的词汇，结果就会混乱不堪了。如果用影像来代替我们平时那些较为严肃的表达方式，同样也会使我们的理解受到阻碍。要知道梦从来不会告诉我们，它其中的内容是应该按照词语理解还是按照影像理解；或者它的内容是与梦念直接相关的还是必须要在当中添加插入语。当分析任何一个梦元素时，我们要考虑到以下几个问题：

(1) 它具有的意义是积极的还是消极的（比如相互对立的关系）。

(2) 它是否具有历史性的解释（比如记忆）。

(3) 它是否符合象征性的解释。

(4) 它是否需要利用表面的意义来进行解析。

我在前面讲述的好几个梦例，都是由一些含糊不清的言辞组合而成的（比如伊玛打针的梦）。这里我再列举一个梦例，其中抽象思想在转变成图像的过程中起着巨大的作用。这种释梦方法与象征性释梦之间有着明显的差别。在象征性释梦里，释梦者可以自由地选择象征的关键。但在这种文字改装的梦里，尽管答案是已知的，但它们仍被一些常用的语言用法所掩盖。假如在适当的时刻有正确的观点，我们就可以全部或是部分解释这种梦，有时甚至连梦者所提供的信息都不需要。

这是我熟识的一位妇女所做的梦：

她在剧院里，舞台上正上演着一出瓦格纳的戏剧，直到次日早晨的7点45分演出才结束。剧院的大厅里放置了几张桌子，人们坐在桌旁大吃大喝。她的表兄及其妻子刚度完蜜月回来，此时也坐在桌旁，旁边还坐了一位贵族。看样子这位新婚不久的太太非常公开地把丈夫从蜜月中带了回来，就像带回一顶帽子似的。大厅的中央有一座高塔，在塔顶有一个平台，四周都围着铁栏杆。一个乐队的指挥站在平台上，他的长相很像李斯特。他围绕着栏杆不停地奔跑着，累得满头大汗。他所指挥的乐队就聚集在高塔的底下。妇女本人和她的一位朋友（我也认识）坐在一个包间里。她的妹妹想从大厅递给她一大块煤，她不知道时间这么长，觉得快要冻僵了。（好像就连包间在这长长的戏剧里也需要保持温暖似的。）

尽管这个梦集中于一个情景中，但从某些角度来看，它仍是毫无意义的。比如说那座位于大厅中央的高塔以及在平台上的指挥，最荒唐的是她的妹妹从大厅里递给她的一大块煤。我非常了解梦者的某些人际关系，所以故意不让她解释这个梦，仅仅依靠我自己的力量就可以把梦的某些部分分析出来。我知道她非常同情一位音乐家——因为发疯，他的音乐生涯过早地结束了。那个大厅的高塔是一个暗喻——她希望那个音乐家可以取代李斯特，高高地站在乐队之上。所以，塔是一个利用合适的材料而制成的复合图像，塔的下部表示了这个人的伟大。其上部以及在平台上的那个像囚犯或是困兽一般团团乱转的指挥，则暗示了这个音乐家的名字[①]，这些都表明了他那不幸的命运。以上的两个观点也许可以解释为“Narrenturm”（字面意思是“蠢人之塔”，这是疯人院的旧称）。另外，她的妹妹递给她一大块煤，而这块“煤”则是指“秘密的爱情”。为什么呢？想必大家都知道有首德

① 此人名叫雨果·奥尔夫（Hugo Wolf），“wolf”则是“狼”的意思。

国民歌，其歌词就是：

没有火、没有煤，
反而燃烧得那么猛烈，
就好像秘密的爱情，
没有人知晓。

她和她的朋友都没有结婚，而她那希望结婚的妹妹却把煤块递给她，因为“她不知道时间会这么长”，这个梦并没有表明究竟是什么会那么长。假如这只是一个故事，我们可以猜想那是指演出的时间很长，但这是一个梦，所以我们只能把它看成一个独立的实体，而且它的用法是含糊的、模棱两可的。我们可以加上一些修饰——“在她结婚之前”①。在梦里还出现了她的表兄及其年轻的夫人，还有后来她所说的“非常公开地……”则证实了我们的“秘密的爱情”的判断。这个梦的关键就是两个对比——秘密的爱情与公开的爱情以及梦者的热情与那个新婚夫人的冷漠。这两种情况里都有一个受到重视的人——一位贵族和一个被寄予很高希望的音乐家。

经过研究我们发现，把梦念转变为梦内容的第三种因素，在梦的隐意转变为显意的过程中作用不可低估：梦对其所使用的精神材料的表现力进行了考虑（大部分为视觉影像的表现力）。依附于各个主要梦念的从属思想，那些具有视觉表现力的将被首选出来。梦工作还会尽力把那些无法应用的思想重新塑造成另一种文字形式，即使它是一

① 即她不知道自己的婚姻会等这么长的时间！

种极不寻常的形式也在所不惜。只要这个程序可以有利于梦的表现，并且能够消除那些被约束思想所引起的心理压力。在把梦念的内容转变成另一种形式的同时还会形成凝缩作用，还可以与其他的梦念间形成某些联系（尽管它们原本是不存在的）。而这第二种梦念为了要与第一种梦念发生联系，也许会提前把自己原本的表现形式加以改变。

在深入探讨这个问题时，我们会发现梦的工作在完成这项替代的过程里并没什么创新之作。为了达到目的（在这种情形里，也许不会受到审查作用的抗阻），它会采用那些在潜意识里早就存在着的途径。而它经常使用的变形方法，与那些心理病患者处在幻想中或是所意识到的玩笑与暗喻时的情形大致相同。

那种对自己身体的想象有先入之见的态度，并不是梦所特有的，也不是梦的特征。通过分析，我发现它经常存在于心理病患者潜意识的思想里，并且源于性方面的好奇——对于那些处在发育期的少男少女来说，指的是对异性以及自己的性器官所产生的好奇。

第五节　梦的象征问题及更多的典型梦例

我从一开始就注意到梦中的象征问题，随着经验的积累，更充分认识了梦的象征的重要性与广泛性。

在精神分析的发展过程中，我们发现很多病人对梦的象征所具有的直觉达到了一种惊人的程度。这些病人主要是早发性痴呆症患者（也就是所谓的精神分裂症患者），所以有段时间里我们认为有这种倾向的梦者都患有此症。但事实并非如此，它只是与个人的特殊天赋有关，在病理学上并无意义。

我们熟悉了梦里广泛运用的性象征之后，就会产生这样一个疑问：这些象征是否像速记里使用的符号那样也具有某种固定的意义呢？有时我们甚至想通过某种编码规则来编排一本新的“释梦全书”。我也有这样的看法：梦的这种象征并不是梦所特有的，它只是潜意识里意念的特征，特别是有关人的意念。在民谣、神话、传说、文学典故、成语和流行笑话中，我们发现这种象征比梦中所发现的还要广泛和透彻。

如果我们非要说明各种象征所包含的意义，以及与其有关的无数问题（绝大多数这样的问题并没有解决），就会远远偏离梦的解析这个题目。所以这里需要说明的是，象征只是一种间接的表现手法。但也不要忽略了它的特点，把它与别的间接表现手法相混淆。在许多梦例里，象征与其所代表的影像之间的共同元素是非常明显的。在某些梦例里，它们则藏匿起来，并不显而易见，因此解释这种象征很困难。可是只有在第二种情况下，我们才能够说明象征关系的终极意义，并且它们是具有某种遗传性质的。具有象征性联系的许多现代事物，也许在史前是以概念的以及语言的形式相联系的。（这个观点可以用斯培伯提出的理论予以有力的支持。他认为原始的所有词语都涉及有关性的事物，但后来由于它们用在了一些类似于性的事物或活动中，从而失去了性的意义。）这些象征的关系似乎就是一种遗迹，一种原始身份的标志。舒伯特于 1814 年提出在许多梦例中，共同象征的应用比日常的用语要广泛得多。

梦就是通过象征来表示那些改装了的被掩饰的思想，所以纯属偶然的，许多象征都习惯性地（或几乎是习惯性的）表达了同样的事物。但我们不要忽略梦中精神价值所具有的可塑性。在很多情况下，

“象征”应该用其合适的意思来加以解释，而不是象征性的。有时，梦者本人可从自己的记忆中吸收力量，把平时并不代表“性”的事件用来作为性的象征。假如梦者拥有从各种象征中进行选择的机会，他所选择的就是那个与梦念中其他材料的主题都有关联的象征。也就是说，尽管都是典型的梦，但它还是存在着个别的差异。

必须承认的是，由于象征的原因可以使梦的解析变得简单，但同样也会使它变得更加困难。当我们在梦的内容中发现象征元素的时候，只运用梦者的自由联想的分析方法是根本行不通的。在这种情况下，我们必须运用一种综合的方法——一边要利用梦者的联想，一边要对梦者的象征有所认识。为了避免对梦作出臆断，我们在解释象征时必须要谨慎小心，悉心地研究出它们在梦里到底有怎样的作用。身为释梦者的我们，在梦的解析中存在着不确定性的因素，一方面是由于知识的缺漏（这一点会随着我们工作的进步而逐渐得到改善），另一方面则由于梦中象征所具有的特性。对这些象征的解释，往往有很多种，就像汉语一样，只有通过上下文的关系才可得到正确答案。象征具有的含糊不清的特性与认同梦的“多重性解释”密切相关，即某个单一的梦的内容，从性质上可以表现出不尽相同的愿望和思想。

梦里的皇帝和皇后（或国王和王后）通常是代表了梦者的双亲。在美国，梦中的总统则代表了父亲，但最为常见的还是州长，在日常生活中经常用它来称呼父亲，而王子或公主则代表了梦者本人。但伟人与皇帝同样都有着高度的权威，所以，如果梦中出现了歌德那就象征着他的父亲。

一切长的事物，如棍子、树干、雨伞（撑开时则表示勃起）可以代表男性生殖器；那些长而锐利的武器，如刀、匕首以及长矛等也是一样。还有一个经常出现但并没有被完全理解的是指甲锉，也许它与擦上擦下的动作有所联系。

盒子、皮箱、柜子、炉子等代表了子宫，一些中空的物品如船、各种器皿也具有同样的意义。梦中出现的房子通常指的是女人，假如梦中描述了在房内进进出出时，这个解释就毋庸置疑了。

梦见从一间套房中穿过，则代表了去妓院或是到了后宫。但从莎克斯所列举的几个透彻的例子来看，它也可以代表婚姻。

当梦者在梦中发现自己熟悉的一间房屋变成了两间，或者梦到原本是一间的房子变成了两间，或者与此相反，在这些情况下我们认为这与儿童时期的性好奇有关。在儿童时期，女孩的生殖器与肛门通常被认为是一个单一的区域，即下部，而这又与幼儿期的“泄殖腔理论”相一致。直到后来才发现这个区域里原来有两个不同的开口。

楼梯、梯子、台阶或在上面上下走动都代表着性交行为。而梦者在攀登光滑的墙壁，或从房子的正面垂直滑下来（通常带着很大的焦虑），这些都对应着直立的人体，而这样的梦也许是重现了婴儿时攀爬父母或保姆的身体的回忆。“光滑的墙壁”是指男人，由于畏惧，梦者通常要抓紧房子正面的突出物。

桌子、餐桌、写字台也代表了女人。无疑这是运用了对比的手法，在象征中，它们的外观是不会有任何的突起。从木材与其文字学的联系看来，它通常表示着女性的“材料”（material），马第拉（Madeira）群岛这个词在葡萄牙语中就是“木材”的意思。由于“床与桌子”结成了婚姻，所以在梦中桌子常常取代了床，代表吃的情绪也就取代了性念。

从衣着来讲，帽子通常明确地代表着男性的生殖器。而外套（德语是 mantel）也是如此。但不清楚的是这种象征里发音相近的原因占了多大比重。在男性的梦中，领带往往代表着阴茎。很明显，领带是长的，而且是男性必需的、特有的物件。人们可以根据自己的喜好来选择——但从其所代表的事物来看，这种自由是被大自然禁止的。在梦中出现这种象征的男人，在日常生活中往往非常喜爱领带，而且花费巨大地收藏了许多。

梦里出现的所有复杂机器和器具很可能都代表了生殖器（通常是男性的），象征着它与人类的智慧一样永不枯竭。各种武器和工具也都明确地代表了男性的生殖器，如锤子、犁、来复枪、左轮手枪、匕首、军刀等。同样，梦里的许多风景，尤其是那些有桥梁、或长着树丛的小山的风景，都非常明显地代表着生殖器。

梦里的小孩也常常代表着生殖器。确实，不论男女都习惯性地把自己的性器官称为“小男人”、“小女人”、“小东西”等。斯德克尔就认为“小弟弟”是阴茎的意思。在梦里和某个小孩玩耍，或是打他，则代表着手淫。

剪发、歇顶、掉牙、砍头等象征着阉割。如果有关阴茎的常用象征在梦中出现了两次或多次，这个梦则表示了梦者对阉割的抵挡。如果梦里出现了蜥蜴（一种尾巴断了之后又会再生出来的爬行动物）也具有同样的意义。

那些在神话传说中代表生殖器的动物如鱼、蜗牛、猫、鼠（代表阴毛），在梦中也是这样的意思，而男性生殖器的最重要的象征则是蛇。小动物和小虫子代表了小孩，比如不被自己喜欢的弟妹。如果被小虫纠缠则代表了怀孕。

这里值得一提的是，飞艇是最近出现于梦中的男性生殖器的象征，这也许是由飞艇的形状导致。

下面我将列举几个梦例来说明这些象征在梦中的应用，从中我们可以了解到这些象征的重要，也可以了解到在很多情况下，我们是怎样情不自禁地接受这些象征的意义的。不过我先提出一个警告——不要过于夸大了象征的重要性，从而使梦的解析成为梦的象征意义的解析，放弃了利用梦者本身联想的途径。在梦的解析中，它们是相辅相成的。但从理论价值和实际情况来说，后者的确是首要的。从梦者的联想中，我们可以发现梦的决定性意义，而对象征的认识（翻译）只是一种辅助的方法。

（一）帽子——男性（生殖器）的象征

（节选自一位年轻女士所做的梦，她由于害怕受到诱惑而患有空旷恐惧症。）

夏天，我在街上散步，头上戴着一顶奇怪的帽子：它的中间部分向上翻卷，两边则是向下低垂的，（梦者的讲述在这里稍稍停顿了一会儿）其中的一边比另一边低垂的更厉害。我神采飞扬，并且很有信心。当我经过一群年轻军官的时候，我想：他们都伤害不了我。

由于梦者对那顶帽子没有产生任何联想，所以我说："那顶中间高起两边低垂的帽子无疑是男性生殖器的象征。"说到这里你也许会问："为什么那顶帽子会代表男人呢？"但有一句话请大家不要遗忘——"Unter die Haube kommen"，它的字面意思是"躲在帽子底下"，实际上意指"找个老公结婚"。我有意不解释她那顶帽子的两边为何会有不同的低垂程度的原因，尽管这个细节问题必定是解释的关键所在。然后我继续对她说，正是因为她丈夫有这样美观的生殖器，所以她不必害怕那些军官们。也就是说，她根本没有从他们那里得到什么东西的想法。她常常因为受到诱惑的幻想而不敢独自外出散步。我根据其他的材料对她焦虑的原因作过多次解释。

梦者对我作出分析的反应极为特殊——她收回了那顶帽子的描述，狡辩道她从未说过那帽子的两边低垂的事实。但我可以肯定我确实听到了这些，我也可以毫不犹豫地断定她确实这么说过。她沉默了一段时间，才鼓起勇气问我为什么她丈夫的睾丸一边总比另一边低垂，是否每个男人都是如此。于是，这顶帽子的特殊细节就被解释清楚了，最后她也接受了这个解释。

（二）小东西——生殖器的象征；“被车碾过”——性交的象征

（同一个空旷恐惧症患者的另一个梦。）

母亲送走了她的小女儿，她不得不独自走了。当她和母亲走进火车车厢里时，她看到她的小东西正沿着铁轨笔直地走着，所以她肯定会被火车碾碎。她听到自己骨头碎裂的声音，但这只是令她感到不舒服，而没有产生真切的恐惧感。随后她从车厢后面的窗子望过去，看是否可以看到那些碎片。然后，她开始责备母亲为什么会让小东西自己走。

分析：想完全解释这个梦并非一件易事。它只是一系列连环相接的梦的其中一部分，所以必须与其他的梦联系起来才能充分了解它。在孤立的情况下，想找出足够的材料来解释这些象征很难。

首先，病人说这次火车旅行与她过去的某些经历有关，暗指她随别人离开一家精神病疗养院的一次旅行。不消说病人当时爱上了这间疗养院的主任。她的母亲来接她回去，那个医生则去火车站送她，并送给她一束鲜花当作分别的礼物。她的母亲目睹了这一切，她当时感到非常尴尬，因此她的母亲就代表了她初次恋爱的干涉者。在病人的孩童时期，这个严厉的母亲就扮演过这样的角色。

她的第二个联想与这句话有关——“她从车厢后面的窗子望过去，看是否可以看到那些碎片”。从梦的表面来看，我们自然会想到她的小女儿被火车碾成了碎片。但她的联想却指向另外的方向：她曾经看到过父亲在浴室里赤裸的背影。接着她继续谈论两性的区别，她强调从男人的背后可以看到他们的生殖器，但女人则不能。这里，她解释说“小东西”就是指生殖器，而“她的小东西”（她有一个四岁大的孩子）也是指她本人的生殖器。她责怪母亲想要让她过那种似乎没有生殖器的生活。在梦的开始这种指责就显露出来了：“母亲送走了她的小女儿，她不得不独自走了。”她自己幻想，“独自在街上行走”就意味着没有男人，也没有任何性的关系。（拉丁文“Coire”意为“一起走”，而性交“Coitus”则是由“Coire”演变而来。）她讨厌这样，而这一切都说明在她还是小孩的时候，由于深受父亲的疼爱而遭到母亲的妒忌。

对这个梦更加深入的解析也可以从同一晚所做的另一个梦表现出来。梦者在那晚把自己等同于她的兄弟。事实上她是一个男性化的女子，别人总是说她本应是个男孩。她对兄弟模仿的结果则更加明确地说明了“小东西”所指的就是生殖器，她的母亲把她（或他）给阉割掉了。但这很可能是她玩弄阴茎才得到的处罚，所以这个模仿作用也能证实她在小时候曾手淫过，但她的这个记忆直到现在也仅限于她兄弟的身上。从第二个梦所提供的资料来看，她在很小的时候就已经知道了男性的生殖器，只不过是后来忘却了。另外，这个梦还暗指着“幼儿期性理论”。这个理论认为女孩都是阉割后的男孩。当我问她可曾有过这种幼稚的观点时，她马上讲了一段往事来证实这点——她曾听到一个男孩问一个女孩："切掉了吗?"那个女孩答到："不，始终都是这样的!"

所以，第一个梦里的送走小东西与那阉割的恐吓有关，最后她对母亲的抱怨就是没有使她成为一个男孩。至于"被火车碾过"所代表的"性交"意义在这个梦里并不明显，尽管有很多别的来源可以证实它。

（三）建筑物、阶梯和井穴——性器官的象征

（这是一位年轻男子的梦，他患有"父亲情结抑制症"。）

他和父亲在布勒特[1]散步，他看到一个圆形的建筑物，前面有一个小房子，它看上去有一些歪斜，房子上有一个圆球。他的父亲问他那是做什么用的，他对父亲提出的疑问感到惊奇，但他还是回答了父亲的提问。后来他们来到一个广场，地面上铺着一大张锡纸。他的父亲先是看了看四周，好像在察看是否有人在注意他们，然后撕下一片锡纸。他告诉他的父亲，只要和管理员说一声就可以得到它们。有一组阶梯从广场一直延伸到一个井穴里。井穴的四壁贴着一些柔软的东西，就像是皮椅子那样。井穴里有一个平台，平台的尽头又是一个井穴……

分析：我对这个患者的治疗效果并不满意——在分析的前一阶段一切似乎非常轻松，但后来却阻力重重。对于这个梦，他几乎不需要帮助就可以自行解析：那个圆形建筑物就是我的生殖器，位于它前面的那个圆球则是我的阴茎，我曾经一直为它的软弱而忧心忡忡。根据更为详细的观察，我们可以把圆形建筑物解释为臀部（小孩们一向都

① 维也纳的一处旅游胜地。

认为臀部是生殖器的一部分)，而前面的东西正好是阴囊。他的父亲问他这是做什么用的，也就是在问他生殖器的作用和功能。我们应把情况颠倒一下，即梦者是发问者，因为他从未问过父亲这个问题，我们可以把它当成梦念中的一个愿望，或者是一个条件句："假如我曾经向父亲问过有关性的问题……"在梦的其他部分里，我们可以看到这个想法的延续。

从表面上看，铺着锡纸的广场并没有什么意义，但实际上，它暗示了他父亲的经营项目。为了慎重起见，我没有说明他父亲真正在经营什么，而是用锡纸代替了它。梦者本人也参与了父亲的工作，但他却对父亲的某些赢利手段大为反感。所以，刚才我们所解释的梦可以这样延续下来：(假如是我问他）他也会像欺骗客户那样来欺骗我。本来象征着欺诈行为的撕取锡纸，梦者却把它解释为手淫。我明白这种解释的目的，而且也可以通过梦来验证它。事实上，手淫可以用相反的形式来表现，即"公开地做"。这与我们前面所解析的一样，手淫的行为也被移植到他父亲的身上。

梦者把井穴解释成阴道，因为它的四壁柔软。在井穴里进进出出则象征着性交。在井穴里有一个平台，平台的尽头又是一个井穴，这些都是梦者本人的亲身经历。因为有一次性交时，由于压抑而他不得不中断性交，而现在他却希望通过治疗来恢复性交的功能。这个梦在结尾处非常模糊。现在我们把这个梦作个总结：梦的第一部分说明了父亲的商业欺诈行为。而井穴则代表了阴道，它们都与梦者的母亲有关。

(四）梦中的真实感觉和重复的表现

一个 35 岁的男子向我讲述了一个梦。他说这个梦是他 4 岁时做的并且记忆犹新。

保管他父亲遗嘱的律师（他的父亲在他3岁时去世了）给他买了两只梨，他只吃了其中的一只，而另一只则放在卧室的窗台上。他清醒后深信这个梦是真的，非常固执地向他的母亲要那只放在窗台上的梨，而她的母亲对此感到很好笑。

分析：梦中出现的那个律师是一位乐观的老绅士，梦者似乎记得他确实买过一些梨。窗台就和梦里的一模一样。这位律师和窗台和这个梦没有任何关联，与此有关的是前不久她母亲告诉他的一个梦——梦里有两只小鸟落在她的头上，她暗自思索它们何时会飞走，但两只鸟一动不动，其中的一只还在吮吸着她的嘴。

因为梦者对这个梦没有任何联想，所以我们要运用象征的方法来解析这个梦。梦里的两只梨是他母亲的乳房，而窗台则是她的乳房的投影，就像一些梦中的房子的阳台一般。在他清醒后感受到的真实感是确实存在的，因为他的母亲正在给他喂奶，而且这一次的时间比往常还要长一些。那时他能够吃到母亲的奶。因此，这个梦就要这样解释：他希望再次看看（或得到）母亲曾经哺育过他的乳房，他用吃掉的那个梨来代表“过去”，而另一只梨则代表了他“再次”的愿望。对于某个行为的重复，在梦中通常表现为某一物体在数量上的叠加。

（五）正常人梦里的象征问题

精神分析的一个常见的反对理由是认为梦中的象征只能产生于神经质的思想里，在正常人身上是不可能出现的，而这个观点正是蔼理士在最近所强调的。但神经分析却表明，正常人与神经质患者的生活之间并没有本质上的差异，只有量的差异。在梦的解析过程里，那些抑制的情结在正常人与神经质患者身上相同地活动着，这可以说明两者的机制和象征也是完全相同的。正常人所做的那些单纯的梦与神经质患者的梦相比，其象征要更为简单、明确和具体。后者的审查作用要更加严格，从而使梦产生了较大的改装，也使其象征变得更含混与难解。下面的这个梦例可以证明这个事实，这是一个女孩所做的梦。她不是神经质患者，但她的性格比较正统和保守。在我和她的交谈中，我发觉她已经订婚了，但存在的某些困难却使她不得不将婚期延期。她对我讲了这个梦：

“为了庆祝生日，我在桌子中间布置着鲜花。”在回答我提出的问题时，她告诉我梦里的房间好像是她的家（但她目前并不住在那里），并有种“幸福感”。

对于这个常用的象征，大家不需要我的帮助就能够理解这个梦了。此梦反映了她想做新娘的愿望，桌子以及鲜花都是她以及她性器官的象征。她已表现出完成了将来的愿望，因为她想要生一个孩子。由此看来，她认为自己已经结婚很久了。

我向她提出“桌子中间”并不是一个一般的涵义，而她也承认了这点。但我不能直截了当地询问这一点，我谨慎地不去暗示她这些象征的意义，只是问她对这梦的个别部分会有什么联想。在分析这个梦的时候，由于她对分析发生了兴趣而不再持保守态度，对话的严肃使她达到了一种开放的程度。

于是我问她那些花是什么花，她首先回答的是：“一种高贵的花，要得到它必须付出代价。”后来又说这花是“山谷里的百合花，紫色和粉红色的，也许是康乃馨”。我假设梦中出现的百合象征着贞操，她认同了我的假设，因为她对百合花的联想就是“纯洁”。山谷往往代表了女性，所以梦的象征就利用了这两个花的英文名的巧妙配合来突出了她贞操的可贵——“高贵的花，要得到它的人必须付出代价”——同时也表示着她希望丈夫能够珍惜它的价值。我们将发现“高贵的花”这话在三种不同的花的象征里有着不同的意义。

从表面上看，“紫色”（violets）没有任何“性”的意义。但我可以大胆设想这个词与法文的“viol（强奸）”有潜意识的联系。令我惊讶的是，梦者联想到的是英文的“暴力”。这个梦利用了“violet”与“violate”之间的相仿（它们只是在后面音节上的发音有所不同），并用“花的语言”来表现出梦者对于强奸的观点（另外一个利用了花的象征），从这些可以发现她很可能有受虐的性格特征。这是个很好利用“文字桥”[①] 来通向潜意识的例子。“要得到它的人必须付出代价”也说明了要想成为妻子或母亲，甚至必须用其生命作代价。

跟在“粉红色”后面的是康乃馨，这个词也许与“carnal”（肉体的）有关。可是梦者的联想却是“颜色”（colour）。她说，康乃馨是她的未婚夫经常送她的花，而且也是送她最多的一种花。在谈话快要结束时，她又突然承认自己所说并非实情，她所联想到的不是“颜色”而是“肉体化”（incarnation）——这正是我所期待的词。“颜色”也不是过于跑题的联想，但它却是由康乃馨的意义（“肉色”）来决定的。也就是说，它们是由同样的情结来决定的。这种缺乏坦率的情况正表明了在这一点上遇到的阻力是最大的。实际上，这一点的象征性是最清晰的，原欲及其抑制之间最为激烈的矛盾正是关于阳具

① 请看我的《论诙谐与潜意识的关系》，特别是第六章的结尾部分；以及在神经病症状中“文字桥”的应用，譬如说，杜拉的第一个梦的论述。在《弗洛伊德集》第二部和《捕鼠人对鼠的强迫性思想》——弗洛伊德著《关于一个强迫症病患的分析》。

这个主题的。梦者所说的其未婚夫经常送给她的那种花，不但意味着“康乃馨”的双重含义，而且暗指梦里具有阳具的意义。就像生活中那些令她激动的因素一样，花的礼物也表示了一种性礼物的交换——她把贞操当作一样礼物，盼望着能够以此得到情感和性生活的回报。这里“一种高贵的花，要得到它的人必须付出代价”无疑也包含着经济上的含义。所以，这个梦中花的象征就包括了处女的贞洁、男性以及暗喻了暴虐的奸污。值得一提的是，用花的象征性是非常普遍的（花是植物的性器，以此来象征人的性器），或许情人之间送花就具有这样潜意识的意义。

她在梦里所准备的生日必定是指婴儿的诞生。梦里她把自己等同成她的未婚夫，从而表示了其未婚夫来为她的分娩做准备——也就是与她性交。这个梦隐匿着的想法可能是这样的：“如果我是他，我就不会再等待，我会不顾她是否处于安全期就和她性交，而且我还会使用暴力。”这是由“暴力”这个词表示出来的，并且也表达了原欲的受虐因素。

从梦的深层角度来考虑，那句“我……布置……”肯定包含着自我娱乐的意思，也就是包含着一种幼儿期的意义。

梦者同时还暴露出她非常注意自己身体上的缺陷。而这些情况似乎只有在梦里才会实现：她把自己看成了一张桌子，没有起伏，而且着重强调了“中间”的可贵。在另一个场合里她说了“中间的一枝花”这句话。这些都是在强调她那处女的贞操，而且桌子的平整状况必定也与象征有关。

我们应该注意这个梦的浓缩程度，它没有任何多余，每个词都是一种象征。

后来，梦者对这个梦加了些补充：“我用绿颜色的皱纹纸来装饰鲜花。”她说那是一种用来包裹花盆外表的“花纹纸”。她又说：“来隐藏那些不整齐的东西——一些会被人看到但并不好看的东西。有一个空隙，那是花朵间的空隙。而那些纸看上去就像是地毯或苔藓。”正如我所想的一样，“装饰”这个词使她联想到“端庄”。她所说的绿色是主色调，这使她联想到“希望”——再一次与“怀孕”有关。在这部分梦里，主要的因素并不是与男性的等同，而是羞耻和暴露的意念。她为了他要把自己打扮得更加漂亮，她承认自己身体上的缺陷，并为之感到羞耻，尽力改正它们。她对于“地毯或苔藓”的联想很明确是指耻毛。

这个梦所表达的一些思想是她在清醒时没有意识到的——它们是关于生殖器和性爱的。她“庆祝一个生日”，即正在性交。同时还表达了被强奸的恐惧，或许还有兴奋的受虐思想。她承认了自己身体上的缺陷，并过于夸大以其处女贞操的价值来作为一种过分的补偿。她的羞耻之心却是她的性欲信号，而性欲的目的是要生一个孩子。梦里对物质经济的考虑（这不在情人的考虑范围内）也找到了表现的方式。附着于这个简单的梦的情感——“有种幸福感”，则表达了那些强烈的感情情结得以满足。

费仑奇说得好：“在那些不曾求助于精神分析的人所做的梦里，最容易发现象征的意义以及梦的意义。”

（六）一些奇特的梦

在我分析患者时经常会出现一种由于“牙齿刺激”而引发的梦。长期以来，对这种梦的解析总有太大的阻碍，它们并不被我了解。后来由充分的材料可以表明，男子做这种梦的动机都是源自于青春期自慰的欲望。这里我将要分析两个梦，其中一个是“飞行的梦”，另一个是关于“牙齿的梦”。它们的梦者是同一个人——一个年轻的男子，具有强烈的同性恋倾向，但在日常生活中却尽量地抑制。

飞行的梦：

他在剧院里欣赏《费德里奥》的演出，L先生坐在他身旁，他俩意气相投，于是他很想与L先生做朋友。突然间，他从空中飞过剧院的大厅，他把手放在嘴里，并拔出了两颗牙。

他说他飞行的感觉很像被扔在空中的那种感觉。由于观看的是《费德里奥》，因此下面的台词似乎与这很相符：

他赢取了一位可爱的女人……

但得到可爱的女人并不是梦者的愿望，也许另外的两句会更合适一些：

他赢取了伟大的投掷。

成为朋友的朋友[①]。

实际上，这个梦里也包含了“伟大的投掷”。它不仅是愿望的实现，而且还暴露出梦者一些痛苦的经历——他的友谊是不幸的，而且

① “他赢取了伟大的投掷，成为朋友的朋友，他赢取了一位可爱的女人……”这是席勒的《快乐颂》第二段的开始，由贝多芬配乐编入《第九交响乐》“合唱”中，但“他赢取了一位可爱的女人……”实际上是贝多芬的歌剧《费德里奥》的终场合唱里最后一段的开头几句——这事实上是抄写席勒的。

会经常性的“被抛弃”。它还暴露出一个恐惧，就是他担心以前发生的那些经历会在他与这个朋友的身上再次出现（但现在他们正在一起欣赏歌剧）。然后，这个尴尬的梦者自以为很害臊地说，有一回他被一位朋友拒绝后，他在性欲的驱使下连续自慰了两次。

关于牙齿的梦：

两位他非常熟识的大学教授代替我为他治疗，其中一位要对他的阴茎做些处理。他害怕做手术。另一个用铁棍压着他的嘴，这使他掉了一两颗牙。他被四条丝巾捆缚着。

这个梦毫无疑问地含有性的意义。那丝巾表明他把自己等同为一个熟识的同性恋者。在日常生活里，梦者从没有与男子性交过，也没有这样想过。而他所想象的性交，只是源自于他在青春期时经常性的自慰。

关于牙齿刺激这种典型的梦以及它的延伸（比如说梦到牙齿被拔了出来等），我认为运用同样的方法就可以对其进行解释。但对于“牙齿刺激”这类梦究竟具有何种意义，我还尚未找到答案。但我在这里可以指出的是，人们经常利用身体上部转换身体下部的方法使性受到抑制。在癔症里我们就可以发现这种情况，本来表现生殖器的感觉和意愿会在其他合适的身体部位表现出来（如果不表现于合适的性构造上）。这里我列举一个有关这种转换的例子：在潜意识的象征里，面部是性器官的象征；在语言学中，臀部和面庞类似，阴唇和嘴唇类似，比较常见的是用鼻子和阴唇相比较（因为这两处生长的毛发非常相似）。可是牙齿却没有这样的类比，正是由于牙齿的这种似是而非的特性使其在性抑制的压力下更加合适充当表现的中介。

我相信牙齿刺激的梦可以解释为自慰的梦，但我并不能作出充分的解析。尽管我已尽了最大努力，但仍有一些问题尚未完全解决。我从语言学的角度来简单解释一下这个问题。在我国，自慰行为被粗俗地称为“拔出来”或“拔下来”，我不清楚这些话是否与其动作相似，但可以肯定的是牙齿与这个称谓是非常相配的。

另外一种比较典型的梦，比如在空中飞翔或漂浮的梦，从高处跌落的梦以及游泳的梦等等。这种梦究竟具有何种意义，我目前还不能作出普遍性的解答。因为在不同的梦中，它们具有不同的意义，唯一相同的是梦中出现的那些原始感觉材料的出处。

就像前文所说的，通过精神分析，我们发现这种梦也是童年印象的重现。也就是说，它们与深受儿童们喜爱的游戏、运动有着密切的联系。尽管这些活动或游戏本身是单纯的，但却会经常引起儿童的性感应。有些学者却认为：飞翔或是跌落的梦是由于睡眠时我们的触觉以及肺部的活动而引起的。现在，我有充分的理由认为这种说法是错误的，因为梦中的感觉本身就是梦所引发的某些记忆的重现。换句话说，就是梦中感觉是梦的内容，而并非梦的来源。

所以，这种同一出处的各种类似于运动感觉的材料被用来表达各式各样的梦念。同是在空中飞翔或是漂浮的梦，却具有不同的解释。对于某些人来说，这些解释具有浓厚的个人色彩，但对其他人来说则具有典型的特征。我有一位女病人总能梦到自己在距离地面一定高度的空中漂浮着。她本人非常矮小，平时总是害怕不小心碰着别人而弄脏自己。她的这个梦满足了她的两个愿望：一个是双脚离开了地面；另一个是她把头伸向更高的地方。在另一个妇女所做的飘浮梦里，我发现梦满足了“她像一只鸟儿”的愿望。

“跌落”的梦通常具有焦虑的特点。这个解释对妇女来说是非常明显的，因为她们必定都用“跌落”来象征着被性欲所诱惑与屈服。但我们也不要忽视这种跌落梦的幼儿期根源。每个小孩都有跌倒后被抱起来爱抚的经历。如果小孩在晚上从小床上掉下来，他们的保姆或母亲一定会跑过去把他们抱回床上。

那些经常梦到游泳，并且可以感到那种在水里破浪向前的快感的人通常都会遗尿。他们在睡梦中重温了这种经过学习而荒废掉的乐趣。而有关火的梦也隐含着儿时遗尿的记忆。为了避免儿童在夜间尿床，父母们甚至是幼儿园的老师们都禁止他们玩火。

我们越是探寻梦的解释就越会发现，绝大多数成人的梦都与性的材料以及表示性欲的愿望有关。当然这句话只适用于那些真正对梦进行解析的人。也就是说，那些从梦的显意中挖掘出梦的隐意的人，不是那些单纯把梦的显意记录下来就心满意足的人（比如内克所记录的性梦）。现在我要说一个不会让人感到意外的事实，它与我们释梦的原则完全相符。从幼儿时期开始，没有任何一个本能像性本能及其各个成分那样遭受了强烈的压抑。所以，其他的本能不会留给人们如此多又如此强烈的潜意识愿望，并且随时能够出现在梦中。在释梦的时候，我们不能忽略性情结的重要性，但也不要过分夸大，甚至认为它是唯一的重要因素。

通过认真的解析，我们可以确定很多梦是双性的。它们都可以用一种多重的解析来表现梦者的同性恋冲动，即那些梦者正常性行为的反向冲动。但我并不认同斯德克尔和阿德勒所提出“所有的梦都是双性的”的观点。没有例子可以证明这点，并且它存在着虚假性。但需要留意的是，很多的梦都不是满足于广义的性欲需求的，比如方便的梦、饥渴的梦等等。所以，对“每个梦的背后都有死亡的阴影”（斯德克尔）以及“每个梦都能表现出梦是从女性趋向于男性的态势”（阿德勒）等论调，我同样认为是不符合梦的解析的。

在前文中，我已指出那些看似纯真的梦中很可能隐含着下流的性欲的愿望。对于这个问题，我可以列举出很多的例子。还有很多梦在表面上是平淡无味、毫不引人注目的，但经过分析它们却出乎意料地有关于性的内涵。这里列举一个梦例，在没有分析之前谁能看出它含有性的意义呢？梦者说：

在两座华丽的皇宫稍靠后一点，有一个门户锁闭的小屋。我的夫人领着我通过一条小路然后把门打开。于是我很轻松地快速溜进院内，那里有一个上倾的斜坡。

任何一个稍懂解析梦的人，都不难想到进入那个狭窄的空间以及打开锁闭的门户是最为常见的性象征。由此可以知道这个梦代表了从身后性交的愿望（从女性的丰满的臀部之间），而那个狭窄上倾的斜坡指的就是阴道。在梦中，梦者得到夫人的帮助这个细节可以让我们断定：在现实中他由于夫人的顾虑而没有实现这种愿望。在他做梦的当天，有位女士在他家过夜。所以他就这么想：如果他想这样做时，估计她是不会反对的。关于两座皇宫之间的小屋的回忆则是布拉格城堡区，这又与这位女士有关，因为她就是从那里来的。

在很多有关风景和地点的梦中，梦者也许都会这样说：“我从前来过这里。”（这种“似曾相识”在梦里有着特殊的意义。）而这些地方无一例外都是代表了梦者母亲的生殖器，因为不可能有其他地方会让人们如此肯定自己在以前来过。

有一回，一位患有强迫心理症的病人所做的梦让我迷惑不解：他梦到自己又去了那间已经见过两次的小屋。这位病人很早以前告诉过我一件事：他6岁那年有一次和母亲一起睡觉，在他母亲睡着的时候把手指误插进了她的生殖器里。

在许多常常伴随着焦虑色彩的梦里，都会有这样的内容：梦者穿过狭窄的路径或是泡在水里。其实这些都是一种对子宫里的生活、躲在子宫内以及分娩过程的想象。下面的这个男子的梦里，就表现了他在想象中存在于子宫里并观察父母的性交。

他在一个深坑里，里面有一个类似于西默林隧道里的窗口①。开始，他可以透过窗口看见空旷的风景，但后来有个图像突然出现并堵住了这个空隙。这个图像是：一片被深深犁过的土地、清新的空气和蓝黑色泥块。这幅图像给人一种发奋工作的感觉，并激发了某种美好的印象。然后有一本关于教育的书在他面前展开……但令他惊讶的是书里的大部分内容都是（小孩）对性的感觉，这些使他想到了我。

下面是一位女患者所做的一个关于水的精彩的梦，它在这位患者治疗中有很大意义。

那是她在假期疗养地里经常去的一个湖……她从一处冷月照射的地方潜入到漆黑的湖水中。

这种梦是表示分娩的梦。而这个梦的解释正好和梦的显意相反：不是“潜入水里”而是“从水里出来”，即出生。我们可以从法语俚语的“lune”（下部）中联想到生产的部位。而冷月正是小孩们想象中的他们所出生的地方。但病人期望她在暑假的度假地出生又是什么意思呢？我问她，她毫不犹豫地答道：“这次治疗难道不让我感到是再度出生的吗？”所以这个梦也就等于在邀请我去那个暑假度假地继

① 西默林隧道：SemmeringTunnel，距维也纳大约70英里，是连接西南部的干线。

续给她治疗。也就是说，在这里为她治疗。或许这个梦里还暗藏着一个羞怯的成为母亲的愿望①。

一些救援的梦都与分娩梦有关。如果救援梦的梦者是女性，而且梦见从水里救出某人，都是指分娩的意思。有些人在入睡之前感到非常害怕，他们总以为有小偷、强盗甚至是一些鬼怪，这些东西都影响了他们的睡眠。事实上，这些都源自童年的某些记忆。一般情况下，父母们总要在入睡之前把孩子叫醒，以免他们尿床；或者掀开他们的被子，看他们的手放在什么地方。因此，孩子的父母在梦中则变成这些令人可怕的形象。在所有的梦例中，强盗大都是梦者的父亲，而鬼怪多为穿着白色长袍的女性。在分析这类焦虑梦的时候，我可以发现很多类似的情况。

第六节　关于算术和演说的梦

这里，我想列举一些非常特别的或是不同寻常的梦的表现形式。

有位女士做了这样一个梦：

一个女佣人站在梯子上好像要擦洗窗子，她的身边有一只黑猩猩和一只猩猩猫。（后来梦者把它更正为“是一种长毛并且有丝光的猫”。）那佣人把它们抛向她，那只黑猩猩拥抱了她，这使她非常厌恶。

① 经过很久，我才注意到那些有关胎儿期生活的想象与潜意识思想的重要性。通过它们，可以对很多人关于被活埋的极度恐慌予以解释。同时，它还提供了关于极度深信“死后复生”的深意识基础。这无非表现了出生前对漫漫人生的一种揣想。而且生产行为是首次体验到的焦虑，是焦虑情感的原型。

这个梦通过了一种十分简便的方式达到了目的：以暗喻的方式使梦得到了明确的表现。一般说来，"猴子"或是"野兽"是用于骂人的话，而梦里的情形正是意味着"谩骂抛掷"。在以下的许多梦例中，我们会发现很多梦的工作都运用了这种方式。

还有一个类似的梦：

有个妇女生了一个头部明显畸形的孩子，她听到有人说这是因为胎位不正导致的。医生说通过施压可以让孩子的头部变得好看一些，但会影响孩子的大脑。因为这是个男孩，所以她认为并没什么大碍。

这个梦不但隐藏了"对孩童的印象"这个抽象概念，而且把它改装了。这个概念也是梦者在接受治疗的过程里，由于医生所做出的解释而渐渐熟悉的。

下面的这个梦，它的运作方式略有不同。其内容是去格拉兹附近的黑姆泰克①之行：

当时的天气十分可怕的，一个破旧的旅店，水顺着墙壁流下来，把床单都湿透了。

这个梦的意义是"过剩"或"淹没"。但后来又表现为很多相似的图像：外面下着暴雨、墙壁上往下淌水、床单往出渗水——都是水，淹没了一切。

文字的进步使梦的工作变得简单了许多，因为有很多文字都是源于图像的，并且具有实体上的意义。可是在现在，它们已经失去了原有的色彩，变得抽象起来。所以，梦的工作就是把这些文字的历史意义回复过来，或者是追溯其进步历程中的早期情形。比如，一个男子

---

① 即格拉兹城外的水域。

梦到他的弟弟困于一个箱子（Kasten）里。在分析过程里，“Schrank”（本意为“衣橱”，抽象的指“限制、障碍”）替换了“Kasten”。所以，这个梦的意思是他的弟弟应该自我约束，而并非是指梦者本人。

还有个男人梦到自己爬上高高的山顶，那里有非常开阔的视野（Aussicht）。其实是梦者在梦中等同了他的兄弟——其兄弟正在编辑一本关于远东事务展望（Kundschau）的书。

如果对梦中出现的数字和计算加以考虑，我们就会了解梦工作的性质及其控制梦念的方式了。特别是梦中出现的数字，它经常被人们迷信为与未来有关。在这里，我选录了几个梦例。

（1）一位女士在其即将结束治疗的时候做了这样的梦：

她好像是在支付什么。她的女儿从她（梦者）的钱包里拿出3弗罗林和65克鲁斯。梦者对她说：“你要干什么？这只值21克鲁斯[①]。”

根据对梦者的了解，我用不着她的解释就可以完全了解这个梦的意义。这位女士来自国外，她的女儿在维也纳上学。如果她女儿还要留在那里，她就会继续接受我的治疗。但那女孩将在三个星期后结业，这也就意味着她的治疗也要结束了。在梦者做梦的前一天，女校长问她是否再让孩子留校一年，从这个暗示里她当然会想到自己又可以继续治疗下去。因此，这就是此梦的意思。1年为365天，而剩下的课程与治疗的时间仅为3星期，即21天（接受治疗的时间自然要比这少）。这些梦念里的数字在梦中指的就是钱——这个象征并没有

① 克鲁斯和弗罗林都是奥地利的古币，直到本书第一版印制完成时也没作过变更。当时1弗罗林等于100克鲁斯，约值1先令10便士或美元4角。所以，这里提到的3弗罗林65克鲁斯约为6先令或美元1元2角5分；21克鲁斯约为4便士或美元7角半；1弗罗林50克鲁斯约为2先令6便士或美元6角半；150弗罗林约为12镑10先令或美元62元半。

什么更深刻的意义，只是由于“时间就是金钱”。3 弗罗林 65 克鲁斯不就是 365 克鲁斯吗？梦里出现的那么少的钱数毫无疑问是愿望实现的结果。梦者出于希望继续治疗的愿望而把学费以及治疗的费用都降低了。

（2）这个梦里所涉及的数字比较繁琐。一位年轻但已结婚多年的女士，在得知了一位与她年龄相仿的熟人爱丽斯刚订婚不久的消息后做了这个梦：

她和丈夫一起在剧院里，大厅里的前排座位有一边是完全空着的。她丈夫对她说，爱丽斯和她的未婚夫也会来，但只能买到不好的座号——三张票是 1 弗罗林 50 克鲁斯，这对于他们来说是当然不会买的。她想他们要是买到这些票也没什么不好。

那个 1 弗罗林 50 克鲁斯是怎么来的呢？它其实源于前一天一件无关紧要的事。她丈夫送给她的小姨 150 弗罗林，而她马上就用来购买珠宝。需要注意的是，150 弗罗林是 1 弗罗林 50 克鲁斯的 100 倍。可是那三张票的“三”又源自何处呢？唯一与之有关的是，她那个刚订婚的朋友正好比她小三个月。在我注意到“空荡的戏院”后我就明白了整个梦的意义。它（不经改装的）暗示着一件她丈夫嘲笑她的偶然的小事：她想去看一部下个星期才会上演的戏，所以她不辞劳苦地提前几天去订票。看戏的时候，发现整个戏院几乎是空的。所以，她认为自己根本不需要那么着急地提前订票。

从上面我们可以知道这个梦念是这样的：那么早就结婚真是荒唐极了。从爱丽斯的例子来看，我根本不用如此匆忙也会找到一个丈夫。那样的话我会比现在好 100 倍（钱财）。假如我有耐心（与她小姨的急躁相对应）的话，我的钱（或是嫁妆）可以得到三个像她丈夫那样好的男人。

从这个梦例中，我们发现它的数字要比上一个梦有更多的变动——它经过了更大的改装和变化。对此我们的解释是，这个梦念在得以表现之前，必须先要克服很大的精神阻力。我们也不应该忽视梦中的那件荒唐事——两个人却需要三张票。这荒唐事是对于梦念的特别提示，即“那么早就结婚真是荒唐极了”。另外那个数字“三”又巧妙地使这个愿望得到了满足——她们俩之间并不重要的三个月的年龄差别。至于她把150弗罗林降低到1弗罗林50克鲁斯，则表示在其受压抑的思想里轻视了她丈夫（或财产）的价值。

（3）下面的这个梦则表现出梦中的计算方法，梦的名声并没有受损。有个男性患者梦到。

他坐在以前的一个熟人B家里的沙发上，对他们说：“你们不让我和玛丽结婚绝对是错误的。”然后他问那个女孩：“你今年多大了？”她回答说：“我是1882年出生。”“哦！那你28岁了。”

做这个梦的时间是1898年，所以这在计算上显然是错误的。假如没有解释的话，那么犯这样的错误简直和白痴没什么区别。这位患者属于想追任何女人的那种人，而这几个月来有个年轻的女士在治疗时正好排在他的后面。他常常提起她，并急于想留给她一个好印象。他估计那个女士的年龄是28岁，这就足以解释那个计算的结果了，而且他正是在1882年结婚。此外，他还忍不住要和诊所里的两个女佣说话（因为她们常常给他开门），尽管她们一点也不年轻。她们没有任何反应，所以他自嘲说也许她们认为他是上了年纪的严肃绅士。

我们如果对这些梦例以及后面将要提到的梦例加以观察，就可以肯定地说：梦的工作其实没有任何的运算程序，它不管运算结果的正确与否，只是利用一种计算的形式来表达梦念，从而暗示了那些用别的方式无法表达的材料。由此看来，梦的工作把数字作为表达梦的目的的一种介质，这完全同于那些用文字来表达的名字和言语。

由于梦本身并不能凭空创造出言语，所以在梦里不论出现多少言语，也不论它们是否合乎情理，经过分析后就可以知道，它们无非是以一种随意的形式对梦念里听到的或是自己说过的一些话所做的节录。它把这些话进行拆裂，又增加一些新的东西来排斥那些不需要的内容，然后重新组合整理。这样一来，一句看似连贯的话语在经过分析后，就可以发现它们是由三四个不同的部分拼凑而成的。为了完成这个新的话语，梦通常会抛弃梦念里这些话的原意，而赋予它们新意。如果我们对梦里的言语进行仔细探究，就会发现它一方面包含着非常清晰、实际的部分，另一方面则是那些联结的部分（也许它们是后来才加进去的，这与我们在读书时会主动填补一些偶尔遗漏的字母或音节的情形类似），所以，梦里言谈的构造形式就像角砾岩——把各种各样的岩石用胶质粘结在一起。

严格地说，这些论述只适用于那些含有“感觉”性质的言语，而且它们都被梦者描述成“言语”。但另外一些并不被梦者认为是听过或讲过的言语（即在梦里并不涉及听觉或运动的感觉），就像在清醒状态下发生的那些思想一样，往往会未经更改就出现在梦里。梦中那些无关紧要的言语往往包含着大量我们阅读过的东西，但要想追究其来源却是非常困难的。总而言之，梦里那些被认为是言语的内容，确实是梦者听过或是说过的话语。

我举一个梦例，它以一个十分明确的言语作为整个梦的核心。这个梦，我将在以后提到“梦的情感”时再予以彻底解析。我非常清楚地梦到：

我晚上在布鲁克的实验室时听到了一阵轻微的叩门声，随后我打开了房门，但门外的人却是已经去世的弗利彻教授。他和一些陌生人一起走了进来，对我说了几句话以后就坐到他的椅子上。然后我又做了另一个梦，我的朋友弗利斯在7月顺利地到达了维也纳。我在街头遇到他时，他正和我的一个已故的朋友P先生谈话。我们一起去了一个地方，他俩面对面坐在一张桌子前，我则坐在桌子的侧面。弗利斯说起了他的妹妹，并说她在45分钟里就死去了，他还说了“这就是最高限度”这句话。由于P先生对此并不了解，于是弗利斯转头问我对P说过多少有关他的事。此时，有一种古怪的情感控制着我。我本来想对弗利斯解释说P（根本不会了解，因为他）已经去世了。可是我却说出了“Non vixit”。我自知说错话了，却狠狠地看着P先生。在我的凝视下，他的脸色变得苍白，外观也模糊不清了，眼睛也变成了那种病态的蓝色。直到最后，他消失了。对此我非常高兴，知道了弗利彻教授也是个幽灵——一个“revenant”（字面上讲是归来的“亡魂”）。但我认为如果我们希望他存在的话，他就有可能存在；当我们不希望他存在时，他又会消失。

在这个奇妙的梦里包含着很多梦的特征——我在梦里所作的评论、我误把“Non vivit”说成了“Non vixit”（即把“死了”说成“未活到”）、在梦里我和死人交往、我最后的那个荒诞的结论及其带给我的满足。要详细解析这个梦，很可能会花费我一生的时间。然而在现实生活里，我是无法做出梦里的那些事的——为了实现自己的愿望而牺牲好友。任何的隐瞒都会对这个我非常了解的梦的意义有所损害，所以在这里以及后面我只会对其中的几个问题加以探讨。

这个梦的核心是我使P先生消失的那个场景。在他的眼睛变成了一种怪异和神秘的蓝色之后，他就消失了。这个情景确实是我经历过的一件事。我作生理研究所的示范员时，清晨就开始工作。布鲁克听说我已迟到了好几次，有一天他在开门前到了那里，等待我的到来。当时他对我说了一些十分简短但正中要害的话，但我对此并不在意。使我感到难受的倒是他那双狠狠瞪着我的蓝眼睛，这个眼神使我无地自容——就像梦里的P先生一样，只不过在梦里这个角色对调了。只要你见过这位伟人那双漂亮眼睛在生气时的眼神，就会理解当时那个年轻的犯错者的心情了。

很久以后，我才发现了梦里"Non vixit"的由来。它并不是我听到或是说过的话，而是我非常清楚地看到的。于是我马上就知道了它的来源了。在维也纳的霍佛堡皇宫前面的凯森·约瑟夫纪念碑的碑脚处刻着以下这些文字：Saluti patriae vixit，non diu sed totus[①]。我从这些文字里拣出一些字眼来表达这个梦念里的敌视思想，它暗示着：这个人对于此事根本没有说话的份，因为他从来都没有真正地活过。它使我想起这个梦是在弗利彻的纪念碑于学院的走廊揭幕之后的那几天里做的，当时我正好又看到了布鲁克的纪念碑。我在内心为我那位聪明的朋友P先生深感惋惜。他毕生钻研科学，但过早地去世使他的纪念碑不能树立起来，由此我就在梦里为他树立了碑石。另外，他的名字也叫约瑟夫。

按照解析梦的原则，我仍不能用凯森·约瑟夫纪念碑上的"non vixit"（现在时）来取代梦念中出现的"non vivit"（过去时），一定是

① 他为了祖国的利益，虽然活得不长，但却活得精彩。

梦念里的某些东西促成了这样的置换。于是我发现在这个梦里，我对P先生同时存在着敌视和敬爱两种情感——前者是表象的，后者却是隐秘的。可是它们都以“Non vixit”这句话来表达这么一个意义：由于他在科学研究上值得赞扬，所以我要为他树立碑石；但由于他怀有恶毒的想法（在梦的结尾表现出来），所以我消灭了他。我发现这个句子含有一种特殊的韵味，必定有某种模式事先存在于我的脑海里。但在哪里可以找到这样的对偶句呢？一个人同时具有两种相互对立的反应，而且它们完全正确并且互不矛盾。这就是文学上的一段令读者们永世难忘的经典文字——莎士比亚的名剧《尤里乌斯·恺撒》里布鲁特斯的一段对白：“因为恺撒爱我，所以我为之哭泣；因为他幸运，所以我为之高兴；因为他勇猛，所以我为之怀有荣耀之心；因为他野心勃勃，所以我杀死他。”（第三幕第二场）这些句子的构造及其互相对立的意义难道不与我在梦念里所表现出来的完全一致吗？所以，我在梦里必定是充当了布鲁斯特的角色。如果我能够在梦念里找到一个可以证明它的间接联结点，那不就顺理成章了吗？我想，这个联结点就是那句话——“我的朋友弗利斯在七月顺利地到达了维也纳”，这个细节在现实生活中是毫无根据的。就我所知，弗利斯在七月从未到过维也纳，但“七月”却是由《恺撒大帝》而命名的。由此看来，这很可能就暗示着我充当了布鲁特斯的角色。

第七节 荒谬的梦——梦里的理智活动

在解析梦的时候，我不止一次遇到那些荒谬的成分。在这里我无法再拖延探究它们的意义及其来源等问题（如果它们具有意义与来源的话）。那些认为梦是没有价值的人们所持的主要观点是，梦是一种破碎的心灵活动，一种毫无意义的产物。

先来列举几个梦例，读者们将会发现它们包含的荒谬性在起初是非常明显的，但对其含义进行深入研究后，这种荒谬就消失得无影无踪了。下面这些梦是梦者关于去世的父亲的梦，初看上去就像是某种巧合。

这个梦是一位病人做的，他的父亲已去世6年了。

他的父亲遇到了一场严重的交通事故：他乘坐的那列飞速行驶的夜间列车忽然脱轨，车上的座位都被挤压在一起，而他的头被夹在其中。后来梦者看到他在床上躺着，左眉上有一道垂直的伤痕。他怎会发生意外呢？梦者为此感到非常诧异（梦者在叙述的时候加了这么一句——“因为他已经死了”），父亲的眼睛是多么的明亮啊！

从一般人对梦的了解中，应该这样解释：当梦者想象这个意外发生的时候，也许忘记了他父亲已去世好些年了。但在梦继续进行的过程里，他又想起了这回事，所以他在梦中对此感到诧异。但从释梦的经验来看，这个解释是没有任何意义的。梦者请了一位雕塑师为他父亲做个胸像，两天前他正好初次去检查，这就是梦者认为的意外与灾祸。（bust：英文意思是“胸像、半身像”；德文中可指“意外、不对劲”等意。）雕塑师从未见过他父亲，只好按照相片来进行雕刻。在做梦的前一天，他派一个佣人去了雕刻室，看他是否也同样认为这石像的额头雕刻得过于狭窄。随后，他陆续回忆起这些关于这个梦的构成材料。每次他父亲遇到家庭或事业上的烦恼时，总要习惯性地用手指紧压着太阳穴，就好像是他认为头有点大，要往小压一压才行。还有，在梦者4岁的时候，有支手枪无意间走火，结果弄黑了他父亲的眼睛（当时他也在场），因此他认为“父亲的眼睛是多么的明亮”。最后，梦中他父亲左眉上的那道伤痕与其生前在悲伤时显露出的皱纹是完全一致的。但是伤痕替换了皱纹却另出有因：梦者为他的女儿照了一张相，但他不小心把这张相片掉在地上，以至于底片被摔出一条裂缝，笔直地抵到了女儿的上眉①。他确信这是一个恶兆，因为他母亲去世的前几天，他毁坏了他母亲的照片。

所以，这个梦的荒谬性只是口头上把照片、雕塑以及真实的人混杂在一起。比如每个人在看照片的时候总会说：“你不觉得父亲有些不大对劲吗？”其实，梦里的荒谬性是很容易避免的。从这个梦例来讲，我们就可以说这种荒谬是可以被接受的，甚至是经过策划的。

这个梦是我本人的梦，它与上一个梦非常相似。（我父亲在1896年去世。）

我父亲死后在马兹尔族（匈牙利的一个民族）里扮演了某个政治角色，并使他们联合起来而成为团结的政团。这时我看到一张又小又模糊的画像：很多人好像在德国的国会上聚集在一起，其中有一个男子站在一两张椅子上，四周围满了人。我记得，在去世时他躺在床上的样子很像加里波第②。这个诺言的实现令我非常兴奋。

还有什么事会比这更为荒谬的呢？做梦的时间正值匈牙利政局的混乱时期——由于其国会的瘫痪而出现的无政府状态，后来是克洛曼·兹尔解决了这些问题③。那张小画像里蕴含的细节与这个梦的解

---

① 早期照相里的相纸所使用的显影介质也许是易碎的，并不像现在所使用的相纸。

② 意大利的民族英雄，是国家独立运动和统一运动的领袖。

③ 1898～1899年匈牙利发生了政治危机，后来由于克洛曼·兹尔成立了联合政府而得以解决。

析大有关系。在通常情况下，我们的梦念所表现出来的影像会同现实中的大小形式相仿。可是我梦中出现的画像却来源于一本奥地利历史书里的一幅插图——著名的“我们誓死效忠国王”事件，玛利亚在普雷斯堡议会上出现的情景①。正如画中的玛利亚一般，梦里的父亲也是被人围聚着，但他是站在一两张椅子（德文是“Stuhl”）上号召人们团结起来，所以又像是一个总裁判（“Stuhlrichter”，字面意思是“椅子”或“屎”的裁判）。这两者之间的关系正是那句德国谚语：“我们不需要裁判。”我记得在父亲去世的时候，我们围绕着他，确实有人说过他很像加里波第。他死后体温在逐渐上升，两颊呈红色并且逐渐加深……当我回想到这里，我不禁想到这么一句话：“他身后空洞的幻影中，存在着主宰每个人的东西——共同的命运②。”

这一升华的思想让我们为现实中的“共同的命运”做好准备。父亲死后体温在逐渐上升与梦里的“他死后”相对应。他去世前几个星期里，肠道的完全瘫痪成为他死前最大的痛苦，而我的各种亵渎的想法都与此有关。一个同学在中学时失去了父亲，那时的我对此颇为感触，于是与他成为好友。有一回，他对我讲起他的一个女亲戚的痛心往事：她的父亲在街头猝死后被人抬回了家，人们在解开她父亲的衣服时发现他在“临死之时”或是“死后”排泄出粪便来。此事令她非常不快，在她对父亲的记忆里，这件事一直使她无法忘却。现在，我们发现了这个梦所表达的愿望——“一个人在死后仍要以伟大而圣

---

① “我们誓死效忠国王”：1740 年奥地利的王位继承之战，玛利亚登基后，贵族们对她的呼吁所做出的反应。另外，我想起一个忘记了出处的梦例，那梦里的人物也非常小，其来源是梦者在白天看到的雅克·卡洛特的铜版画。他的画里有许多细微的人物，其中有一套描绘了三十年战争里的恐怖情形。

② 歌德在他最近去世的朋友席勒的遗作《钟之歌》中所作的跋。

洁的形象呈现于孩子面前”。谁不是这样想呢？但这个梦的荒谬性又是怎样产生的呢？实际上，表面的荒谬会在梦中以一个暗喻的形式反映出来，但我们却往往忽视这些内容里所隐含着的荒谬性。从这个梦例中，我们不得不再次承认——荒谬性是故意的并且经过了刻意的策划。

那些死去的人经常会出现在梦里，他们就像是活人一样与我们一起活动并发生关系，因此就会产生很多不必要的惊异以及一些离奇的解释。但这只能说明我们对梦还不够了解。实际上，这些梦的意义是相当明显的。它总是发生在我们如是想的时候：如果父亲还在世，他对这件事怎么看呢？但梦是不能表达出“如果”的，它只能把有关的人物在某些情境下表现出来。比如，一个青年继承了其祖父的一大笔遗产。当他正为自己的奢侈感到内疚时，他梦到了祖父又活过来并责备他不该这样挥霍。当我们在那些所谓的更加准确的回忆里发现了这人已去世很久的时候，梦里的批评与悔疚就会变成一种自我安慰的想法（幸亏他没有亲眼目睹这件事），或者变成一种满足的感觉（他再也不能干涉我了）。

此外，还有一种荒谬性，它也发生在死者亲人的梦中，但它并不是荒谬与嘲笑的表现，而是暗示着一种极端的否定。它表现出一种梦者本人根本想都不敢想的受压抑思想。首先，我们必须记住这样一个规律——“梦不会分别出哪个是愿望，哪个是现实”。没有这个规律，要正确地解析这种梦是不可能的。比如，某个男子在他父亲临终前的那场大病里无微不至地照料着他，而且在其父亲去世后确实哀悼了许久。他会梦到这样一个毫无意义的梦：（下面这句话非常重要）

他的父亲又活了过来，而且仍像往常一样与他聊天。可是，他确实已经死了，只不过自己不知道罢了。

如果我们在“他确实已经死了”后面加上“这是梦者的愿望”，以及把“不知道”理解为他根本“不知道”梦者会有这样的愿望，那么我们就可以对这个梦了解得一清二楚。在照顾老父亲的时候，他多次希望父亲尽早死去。也就是说，这个想法是一种仁慈的想法，因为死去会结束他所承受的痛苦。但在哀悼的时候，这种仁慈的想法就会变成潜意识里的自责，好像他的这个念头使父亲的生命缩短了。随着梦者幼儿期对父亲的反抗意识的复活，这种自责在梦中出现，但因为梦的工作使清醒时的思想发生逆转，从而形成了这个梦的荒谬性。

梦到梦者所深爱的死者是梦的解析中的一件令人十分头疼的事，往往得不到非常满意的解释。其原因就在于梦者与这个人之间存在着非常强烈的矛盾情感。这种梦的主要表现形式是：这个人刚开始做梦时是活的，但忽然间死去了，然后在以后的梦里他又活了过来。这的确令人感到迷惑，但我最终还是发现这样生生死死的变化表达了梦者的冷漠——他是活是死都一样，与我无关。这种冷漠自然是不真实的，它仅仅是一种想法。它的作用就在于使梦者对他强烈的矛盾情感予以否定。这也就成为一种矛盾情感，得以在梦中表现。

在其他一些与死人有关的梦里，以下的规律会有些帮助。如果梦里梦者没有被告知那个人已经死了，则说明梦者把自己也当成了死者，也就是梦到了自己的死亡；如果梦里梦者忽然惊异地对自己说：“他已经死了很久了！”则表示他在否定自己和死者画等号，否定自己的死亡。但我可以毫不隐瞒地说：我们还没有完全地了解这种梦的所有秘密。

这又是一个与死去的父亲有关的荒谬的梦。

我收到一封来自家乡市议会的信，是关于某个人在1851年的住院费用的通知。他当时在我家发生了痉挛必须送进医院。这事让我感到非常奇怪，因为我在那时还未出生，同时与这事有关的我的父亲已经去世了。于是我到隔壁去看他并对他说了这件事。令我诧异的是，他居然还记着在1851年，有一回喝醉了被拘留起来，那时他正在T公司工作。于是我问他："那你也经常喝酒啦？不久以后你是不是就结婚了呢？"我算了一下，我在1856年出生，好像正好是接下去的那一年。

从上面的内容我们可以知道：梦一再表现出荒谬性，其原因是梦念中存在着某种特殊的、令人痛苦的争辩。但让我们惊讶的是，这个梦里的争辩竟是公开地表现出来的，而且我的父亲又成了被嘲弄的对象。从表面上看，这种公开的程度与那所谓的梦工作的审查作用相互矛盾。但在这个梦例中，我们可以发现父亲无非是一个表面的人物，而所有的嘲弄却都指向一个隐含的人物。这样我们就可以理解它了。尽管梦往往表达出对某个人的抵抗（隐藏在背后的常常是梦者的父亲），但此梦却恰恰相反，父亲是一个表面人物，他代表着另外一个隐含人物。这个梦之所以能够以这种未经改装的方式来进行（并且这个人物通常是神圣的），其原因就是自己可以明确地知道这个人肯定不是父亲本人。我们来看一下这个梦的来源。有一个比我年长的同事，他的判断力无可挑剔。我听说他对我的一个病人的精神分析治疗进入了第五年的疗程大为惊讶，并对此表示反对。梦里开头的句子就在一种隐秘的改装下暗示了长期以来这位同事接手了我的父亲再也不能完成的工作（"费用"、"住院"）。在我们俩的关系变得不再友好后，我的情感冲突也就像父子间发生误会时的情形一样，由于父亲的地位及其曾经给予我的莫大的帮助而不可避免地产生。梦念对“我怎么不能再快一点”的指责进行了强烈的抗议——这个指责起初指向我对病人的治疗，而后又扩展到其他方面。我暗自猜想，难道他知道有谁会比我治疗得快吗？难道他不知道这种病除了我的这种方法以外是没有其他方法吗？与忍受一生这种病症带来的痛苦，花费四五年的时间来治疗又算什么呢？更何况病人在治疗过程中会感到生活舒适！

这个梦所具有的荒谬性，是缘于那些源于多个不同梦念里的语句未经连接就直接拼凑在一起。因为“我到隔壁去看他”与前文的主题并无关联，而这一情形正好重现了我曾告诉父亲那未经他允许就要订婚的一幕。所以这句话表现了父亲在这方面的宽容之心，与某人（还有另外一个人）的行为形成了对比。但值得注意的是，梦之所以允许父亲受到嘲弄，是由于梦念中他被当之无愧地视为楷模。审查作用的特点是：我们不能谈论被抑制事件的真相，却可以对此事编造谎话。下面有一句话是他想起“有一回喝醉了被拘留起来”，这其实与父亲无关。他所代表的人物正是伟大的梅拉特①。我非常景仰他并把他视为我学习的榜样，他起初对我还颇为赞赏，但后来竟变成了公然仇视。这个梦使我想起他曾告诉过我，在他年轻的时候，由于习惯而一度使自己氯仿中毒而被送进疗养院。我还想起在他去世前不久发生的另一件事：他否认男性癔症的存在，我与他进行过一场痛苦的笔战。后来我在他患这致他于死命的疾病时去探望了他，当我问到其病情的时候，他说了很多有关病症的话。最后他总结说：“你要知道，我就是男性癔症的最为典型的病例。”他以此承认了他极力反对了很久的

① 奥特多·梅拉特（1833—1892），曾在维也纳大学任精神病学教授。

事，这令我非常吃惊，同时还有一种满足感。但是我为何在梦里会用父亲来替代梅拉特呢？这两者之间我没发现有相似之处。这个梦十分精炼，但仍会表现出梦念里的一个条件从句——“如果我是教授或枢密顾问的儿子，我当然能够进行得更快一些”。由此看来，在梦里我把父亲当成了教授和枢密顾问了。

梦里最迷惑人的也是最为明显的荒谬性，莫过于它对1851年的看法。在我看来，它与1856年并没什么区别，好像这5年的差别是毫无意义的。而最后的这句话正好是梦念所要表达的。四五年正好是我前面提过的那个同事支持我的时间，同时也是未婚妻等待与我结婚的时间，它同时又是梦念急于寻求的某种巧合——彻底地治愈我的病人所需要花费的最长时间。梦念会这么说：“5年算不了什么！在我看来它根本算不上长，我用不着去考虑它，而我有充足的时间。就算你不相信，可我最终还是成功完成了那些事。而这件事，我同样也会成功的。”除此之外，51这个数字如果不用世纪的方式来表示，它本身就可以由另一种相反的意义来决定、表现的，而这也正是它在梦里多次出现的原因之所在。对于男人来说，51岁是一个特别危险的年龄，我的好些同事都在这个年龄时突然去世了。这些人里，其中一位病了很久，在去世的前几天被升为教授。

在这个梦例中，我们可以发现梦的工作中有专门制造出来的荒谬性，而这在原先的梦材料中是不存在的。这个梦是我在度假的前几天遇到图安伯爵后所做的。

我坐在一辆出租车里，告诉司机我要去火车站。他却对此提出了一些疑问，似乎我使他非常疲倦。我回答他说：“我当然不会和你一起开车沿着铁路走。”看来我似乎已和他一起走了一段平时是火车走的旅程。

对于这个混乱而且没有意义的梦，我在分析后得到这样的结论：前一天里，我乘坐一辆出租车去腾巴[1]的一条偏远街道。司机并不认识路，但还在漫无目的地向前冲去。他就像贵族一样，尽管不知道，也不问问别人。后来我发现他走错了，并向他指明了正确的路线，同时还有意地讽刺他几句。在后来的分析中，我发现一大堆的思想串列，使我从这个司机联想到贵族。而现在我只能说明一点：贵族给中产阶级平民的印象是他们非常喜欢坐在司机的座位上。图安伯爵其实就是奥地利“国家车队”的一名司机。梦中的那句说话其实是指我的兄弟，我把他和司机等同了。有一年我为了惩罚他，专门把已经计划好的意大利之旅取消了（“我当然不会和你一起开车沿着铁路走”），因为他总在旅途中抱怨我常常使他如此疲劳（梦里没有改变这一点）。我为了可以在一天内看到更多的美丽风景，总是匆匆忙忙地赶往下一个目的地。在做梦当天的傍晚时分，他陪我去了火车站。就在我们快到车站的时候，他却在前一站下了车，以便可以乘坐郊区车到帕克多夫[2]。于是我对他说：“你可以乘坐主线车去，这样就可以和我多待一会儿。”这就导致了我梦中的那一段，即我们走了一段通常是火车走的旅程。这与实际发生的事正好相反，这其实是一种争辩。我在梦中用“出租车”代替了“郊区车”，同时也把整个事件混淆了。但这个混乱足以使汽车司机和我兄弟的形象联系在一起。这样我就可以成功地在梦里制造出一些毫无意义的内容。这似乎很难理解，而且与我前面所说的话（“我当然不会和你一起开车沿着铁路走”）相矛盾。因

① 位于维也纳郊外。

② 距维也纳大约 8 公里。

为在梦里我无法分清郊区车和出租车，也因此在梦中有意设计出如此迷幻的事件。

可是这究竟是什么目的呢？现在，就让我们一起来探索这个荒谬的梦的真实意义，及其制造荒谬性的动机。在这个梦里，有个词"fahren"① 出现了好几次。如果我们可以找到某种荒谬但无法了解的东西与它相关联，就可以发现隐藏在梦念中的一种需要表现的意念。有一天晚上我在一位聪明、热情的女士家里作客，我听到了两个字谜，在场的其他人都知道谜底。尽管我竭尽全力也无法猜出谜底是什么，只是徒加笑料而已。后来他们告诉我答案是"Vorfahren"（意为"驾驶"、"祖先"，字面意思为"走到前面"、"从前的"）和"Nachkommen"（意为"后裔"，字面意思是"后来的"、"继承者"）。

当看到图安伯爵驾驶着汽车的时候，我竟然拥有了弗家罗的心境。他称赞那些伟大的绅士，但烦恼却与生俱来，成了他们的后裔。因此，上面的两个谜底则成为梦工作的中间思想。另外，贵族和司机很容易混淆，而且过去的一段时间里，我们把司机称为"Schwager"（意为"车夫"或"堂兄弟"），于是通过梦的凝缩作用就把我的兄弟引入了同一画面内。隐含在这个梦里的梦念是这样的："为祖先感到自豪是荒谬的，最好是自己变成祖先。"梦念中的"为……是荒谬的"造成了梦的荒谬性。但是，这个荒谬性却使梦里的其他模糊部分清晰化了，即我回忆起来的"我曾经与一个司机走过一段路程"。Vorhergefahren（从前驾驶过）——Vorgefahren（驾驶过）——Vorfahren（祖先）。

① 德语"fahren"这个词，英文可翻译为"驾驶"（汽车）和"乘坐"（火车），具体的翻译要根据上下文的意思而定。

如果梦念中具有这样的判断，即某些东西是荒谬的，那么这个梦就会显得很荒谬。也就是说，梦者潜意识的思想串列中如果存在判断和荒谬的动机，梦就会成为荒谬的。所以，荒谬性是梦的工作表现中互为矛盾的一种方法。其他的方法可以使梦念的内容相互颠倒，或者产生一种运动抑制的感觉。可是梦的荒谬性并不简单地代表了“不”，它反而表达了梦念的情绪，它囊括了梦念中所包含的所有矛盾和嘲笑的组合。在这种动机下，梦的工作才会产生出荒谬性。这里它再次把梦里的一部分隐意变成了显意。

其实我们前面所提到的“剧院里”的那个梦就具有这样的意义，当时我在没有分析的情况下就解释了这个梦。这个梦很明显是指，“这个世界是纷乱的，社会是疯狂的。那些本应有所得的人们却一无所有，那些纨绔子弟却拥有了很多。”然后，梦者又拿自己的命运和妹妹的命运作比较。在这一节里提到的第一个梦例中，它与梦者的已经去世的父亲有关，这些都不是巧合。在这些梦例里，使梦具有荒谬性的条件都具有相同的特性。父亲所行使的权威在很早的时候就遭到孩子的反抗和批评，父亲对孩子的严厉要求反过来又让孩子密切注意着父亲的每一个弱点，这也许是由于自卫的缘故，但是父亲的形象却让我们满怀孝心（尤其是在父亲去世之后）。于是审查制度就会抑制这些反抗和批评，不让它们出现在意识里。

从以上几个梦例来看，梦中表现得越荒谬，它的意义就越深远。无论在什么年代，总有些人想说些什么但又怕说了会对自己不利，于是他们把这样的话盖上一顶愚笨的帽子。而对于这些禁忌话语所针对的听众而言，他们要是能一边嘲笑一边自知他们所极力反对的事物是荒诞可笑的，就能够接受（容忍）它了。

现在，我解决了荒谬的梦这个问题，即梦念永远不会是荒谬的，绝不会出现在心理健康的人们所做的梦里。但梦的工作会表现出荒谬性，梦的内容中会包含着少数荒谬元素，这是由于它必须把梦念里含有的一些批评、荒谬以及嘲弄表现出来。

下面，我的任务是表明梦的工作所包含的无非就是前文已论述过的三个因素（凝缩、移植还有梦的表现力）以及我将在后面会论及的第四个元素，而梦的功能也正是以这四个因素为基础而对梦念进行的翻译。我认为在梦形成的时候，我们的心智活动会部分或全部参与其中，这是一种错误的观点。无论如何，梦中经常会出现一些评论、赞扬和判断的内容。我们对于梦里的某些因素，有时还会表示出惊讶，有时则进行解释或是争辩。我选择一些梦例来澄清这种情况所引发的误解。

我先作一个简单的解说：在梦里看来任何一件明显属于理智行为的事件，都不是梦的工作的理智的结果，而是属于梦念的材料。它们只是以一种现成的结构方式在梦的显意里表现出来。我甚至可以对此作进一步的解释。睡醒后对一个还记着的梦所作出的结论，以及复述这个梦所引发的情感，会或多或少地表露出梦里的隐意，这些都应该包括在对其解析的范围之内。下面我列举几个带有这种结论和判断性质的梦。

（1）有个妇女拒绝告诉我她所做的一个梦，理由是“它非常的模糊和混乱！”她梦到一个人，但不清楚那是她的父亲还是她的丈夫。随后她又梦到一个垃圾箱，于是又产生了以下的回忆。在她成为主妇时，有一次她和一位来访的年轻亲戚开玩笑说，她的下一个工作就是得到一只新的垃圾箱，而第二天她就得到了一个，里面装满了山谷里的野百合。这个梦所表现的是一句德国谚语“不是长在我自己的肥料上”①。在我分析完后，我发现潜藏的梦念竟是梦者小时候听过的一个故事所引发的影响。这个故事是讲一个怀孕的女孩不清楚谁是这孩子的生父。在这个梦例中，梦的表现侵入了清醒时的思想，也就是使用清醒时对梦作出的结论来表现梦念的某个元素。

(2) 这又是一个类似的梦例。一个病人做了一个自以为很有趣的梦，醒来后自己说：“我一定要把这个梦讲给医生听。”对这个梦进行分析后，我发现很明显表明这个病人在治疗期间开始私通，并决定不告诉我。

(3) 这个梦是我本人的经验。

我和P在去医院的途中路经一个有很多房屋花园的地方。我觉得在以前的梦中经常见到这个地方。我不知道该怎么走，P指给我一条路，经过一个转角可以到达餐厅（不是在花园里，而是在室内）。在那里我打听多妮女士，得知她和三个小孩就在后面的一间小屋里居住。于是我向那儿走去，可还没到地方就碰到一个模糊的身影带着我的两个小女孩。和她们站了一会儿，我就把她们留在身边，并抱怨我妻子把她们留在那里。

醒来时我带着一种满足感，因为我将从这个梦的分析中发现“我以前梦到过这个地方”究竟是什么意思。其实，精神分析并没有告诉我这类梦的意义是什么，感到“满足”只是梦的隐意而并非对梦所作的任何判断。而我的满足是由于婚姻带给了我小孩。P这个人在大半生都与我的生命联结在一起，但后来他的社会地位和物质生活远远超

---

① 德语的“Mist”本意是“肥料”，在俗语中意指“废物、垃圾”，但奥地利语中的正好是指垃圾箱“Mistruger”。

过了我。可惜的是他的婚姻并没有带给他子嗣。对这个梦不必进行完全的解析，单从下面的两件事就可以了解它的意义。前一天我在报纸上看到多娜女士死于分娩的消息（在我的梦中则改为多妮），我妻子说负责的助产妇正是为我们接生孩子的那个人，而多妮这个名字则是我前不久在一本英文小说里看到的。而另一件事则与做梦的时间有关，它正好是我大儿子生日的前一天做的——他似乎有些诗人的气质。

（4）从那个父亲死后在马兹尔族里扮演了某个政治角色的梦中醒来后，我同样也带有满足感。这是由于它是这个梦里所产生的情感的继续，“他去世时躺在床上的样子很像加里波第”、“这个诺言的实现令我非常兴奋”……（我忘记了以下的连接部分。）经过分析后，我能够填补这个空隙了，这是关于我第二个儿子的事，我给他取了一个历史伟人的名字（克伦威尔）。在我小的时候，他就深深吸引了我，特别是在我访问了英国后。也就是在儿子出生的前一年里，我就决定了如果是个男孩就给他取这个名字，我将以极其欣慰的心情来祝贺这个新生儿的到来。（很显然，父亲的那种被抑制的自夸是怎样传给了他们的孩子。在现实生活里，这似乎就是一种使这种抑制情感得以实现的方法。）小孩会出现在梦里的原因是：他和那些垂死的人都有同样的缺点——把粪便排泄在床单上。现在，再来把 Stuhlrichter（总裁判，字面意思是“椅子”或“屎”的裁判）与这个梦里所显示的“以伟大与圣洁的形象出现在孩子面前”进行比较吧！

（5）这个梦例我在前面列举过，它可以作为一个判断与结论在梦中发挥作用的例子。在那个家乡市议会寄给我一封信的荒谬梦里，我这样问：“后来紧接着你是不是就结婚了呢？”我算了一下，我在

1856年出生，正好是在接下去的那一年。这一切给这个梦蒙上了一个荒谬结论的外表。家父在完成他的追求之后于1851年结婚，而我是家里的老大，于1856年出生，这些都是正确无误的。对于梦中荒谬的结论，我们都知道它只是为了愿望的实现而设立的，但主要的梦念却是“四五年不算什么，根本不值得去考虑”。这种逻辑构造中的每一个步骤，不论它们的涵义和过程如何逼真，都可以被认为是早就确立在梦念之中的。我的同事认为我治疗时间过于冗长的那个病人，将在治疗完成后结婚。梦里我与家父的交谈方式就好像一种审问或是考试。这让我想起大学时期的一位教授，他经常向学生们问询一些令人生厌的问题，如出生年月、家长姓名。然后学生们都用拉丁文回答出父亲的教名。我们这帮学生这样想：这个教授有什么能从父亲的教名里推导出的却不能从学生的名字里推衍出来结论呢？所以，梦里推导出来的结论只是梦念中一个材料的推导重复而已。由此我们又学到一点新的知识：如果梦的内容里存在某个结论，那它必定源自于梦念，它所表现的形式可以是一段回忆材料，也可以是一串以逻辑形式联结起来的梦念。但无论如何，梦里出现的某个结论肯定代表着梦念里的结论。

梦中出现的这种类似于判断、评价的研究结果，使我们想起了前面提及的解析梦的规则。我们必须把梦的各个组成部分看作是毫无关系的，而从各个元素本身去追究其根由。梦是一个凝聚的整体，在研究它的时候必须把它还原成本来的碎片。从另一角度来说，梦里必定存在着某种心灵力量的运作，造成那些表面上的联系，也就是说，对梦工作中形成的材料进行再度纠正。这样我们又面对了另外一种力量，对于它的重要性我们会在后面加以探讨，并且把它作为构成梦的第四种因素。

现在，我们将继续对这个梦进行解析。那个教授的问询也让我想起大学生的注册表（当时它是用拉丁文写的），还有我的学术研究。苦读医学的那5年的时光对我来说太短促了，于是我又默默工作了好几年。熟人们总认为我是一个闲人，并且怀疑我能否及格。后来我突然决定要参加考试并顺利通过了，只是延迟了一些。以下是对梦念的新的强化，以这个梦念我可以无畏地直面那些批评我的人："我延迟了时间使你们不信任我，但最终我还是获得了成功，而我的医学训练也会获得一个结果。因为类似的事情在从前确实发生过。"

在梦开头的几句话里，含有一些带有争论性的句子，它们并不具有荒谬性，甚至很可能是在清醒的时刻发生的。那封在1851年来自市议会的信让我感到奇怪，那时我还未出生，同时也许会与此有关的家父也去世了。这两种辩解本身是正确的，假如我真的收到这样的信，我作出的辩解也会与此毫无二致。从前面的分析里，我们知道这个梦源自嘲笑和痛苦的梦念。如果我们假设审查作用的缘由是强有力的，梦的工作就会针对梦念中的荒谬思想创造出一些完整与真切的反驳。但分析结果表明，梦的工作并非如此随意，它有义务使用那些由梦念中得来的材料。就好像是一道包含着加、减、根、幂的数学方程式（数字除外），我们让一个不懂数学的人把它抄写下来。结果呢？各种符号和数字都抄下来了，但它们全部混杂在了一起。梦内容里的这两个辩解与以下的材料有关：我对心理病患者所作的心理学解释而提出的一些前提曾引起了别人的耻笑和怀疑，每当我想起它时心里就会痛苦。比如，我主张人生的第二年甚至有时是第一年的印象，会始终存在于那些后来才发病的患者的感情生活里。尽管会受到记忆的歪曲和夸大，但它们却是造成癔症症状的最深刻和最首要的根源。当我在某个合适的时间里向病人们解释这一点时，他们竟以嘲弄的口气模仿这个刚刚学来的知识说，他们要去寻找那些他们还未出世时的回忆。而我的另一个主张——在女性最早期的性冲动里其父亲所扮演的角色，出乎意料也受到同样的待遇。无论如何，我都相信这两个观点是绝对正确的。为了证明它们，我想起了几个例子——孩子在很小的时候就失去了父亲，但在后来的事件里，可以证明在孩子的潜意识里仍然保留着对这位过世很久的人的印象（不这样想就令人难以理解了）。由此看来，梦里的这两个结论是建立在“正确性将会受到考验”这个推论之上的。梦的工作就利用这些我认为会遇到考验的论题来推导出毫无争议的结论，这就是愿望的实现。

（6）我做的另一个梦也对梦中的某种体验表示出相似的惊奇，而这个惊奇却与一个深刻的、牵强但又理智的解释联系在一起。它包含着两个有趣的特点，但单凭梦的本身，我也要对这个梦加以分析。

7 月 18 日或是 19 日的晚上，我乘坐南线火车外出旅行。还在睡梦中时，我听见有人喊道：

“Hollthum[①] 到站，停车 10 分钟。”于是我立即想起了棘皮动物（Holothurian），之后又联想到了自然历史博物馆——这是一个震撼心灵的地方。这里可以看到历史上那些勇敢无畏的人们绝望地反抗着统治他们的暴君——这就是奥地利的反改造运动，好像发生在一个叫做斯第勒或是德勒尔的地方。然后我似乎看到一个小型的博物馆，馆内保存着这些勇士们的遗骸和一些物品。我很想走出火车，但又犹豫不决。火车站里有几个卖水果的妇女，她们蹲在地上，敬献似的举起她

① 这个地名是虚设的。

们的篮子。我犹豫不决是因为不知道时间是否足够，但火车还是一动不动。突然间我又到了另一个车厢里，里面的家具和座位都很窄小，以至于人的背部会直接靠在车厢的墙壁上①。我对此非常诧异。

但认为这可能是我在睡眠时换了车厢。

车厢里有很多人，其中还有一对英国兄妹。墙边摆放着一个书架，很明显地放置着一排书，我看见《国富论》和《物质与运动》(麦克斯韦著)，厚厚的书，包着褐色的书皮。那个哥哥说起席勒的一本书，问他的妹妹是否还记着……这些书似乎是我的，又好像是他们的。我想参加他们的谈话，因为我想证实或支持这些话……

当我醒来时已是大汗淋漓，这时所有的窗户都关闭着，火车正好停在马尔堡。

我在记录这个梦时，又回想起一些内容，这些内容是我在记录时故意遗漏的。

我和那对兄妹用英语交谈，说起一件比较特殊的工作，"这是从……"，但我马上又改为："这是由……"。那个哥哥对他的妹妹说："他说得对！"

这个梦以车站的名称作为开始，它让我神志不清，我用一个虚设的名字"Hollthum"代替了马尔格（Marburg)。当列车员喊"马尔堡到了"的时候，或许后来可由梦里提及的席勒来证实，因为席勒就出生于马尔堡，尽管不是斯第勒的这个马尔堡②。

---

① 我自己也不知道这段话是什么意思，我只是根据报告一个梦的原则，把我梦到的东西都真实地记录下来。我选择的这些词语本身就是梦所表现的一部分。

② 席勒的出生地是马尔巴赫，而不是马尔堡，就连德国的小学生都知道这个事实，我当然也不例外。这又是一个错误，它取代了梦念的伪造。

这次旅行我在头等车厢，但整个旅程令我很不舒服。火车上的人很多，我所在的车厢里有一位女士和先生，他们看上去很像贵族，但并没有多少教养。他们对我的闯入表现出没有丝毫的掩饰的烦恼。我有礼貌地向他们致意，他们却不回敬。两个人并肩坐着，背对着火车头。那位女士当着我的面用一把遮阳伞霸占了她对面那个靠近窗户的空座。车门关上后，他们两个人交头接耳商量是否要打开窗户，也许他们已经发现我想要呼吸新鲜的空气。那天晚上很热，在拥挤的车厢里待上一会就让人感到窒息。根据我积累的旅行的经验来看，这种傲慢无礼的行为只有那些享受半价或是免费的人才能做得出来。当列车员查票的时候，我向他展示了我花钱买来的票，那个女士却说出一句既是嘲笑又是威胁的话："我的丈夫有免费待遇。"她的长相很奸诈，流露出一种永不满足的神情。她的年龄已经偏大，美丽也正在逐渐地凋谢。那个男子没有说任何话，坐在那里一动不动。我很想睡上一觉，在梦里我狠狠地报复了这两个令我厌烦的旅伴。人们都可以发现，这个梦的前半部分里隐藏着侮辱和轻蔑。当这个愿望被满足以后，又出现了第二个愿望——调换车厢。梦里的场景在飞快地变换着，但我却没有丝毫的反感。我想从我的记忆中找到几个熟识、可爱的人来替换眼前的这两位，这是不会让人感到惊奇的。在这个梦例中，某种东西拒绝场景的变换，我认为需要对此加以解释。我怎么会突然之间到了另一个车厢呢？我根本没有调换车厢的任何印象。只有一种情况——我一定是在睡眠状态下调换了车厢，这是极为罕见的事情。但在神经病患者中可以发生这种情况。我们都知道有些人会在一种朦胧的状态下乘车旅行，而且看不到任何的病态迹象。他们通常在旅途的某个时段突然清醒过来，并为记忆中的空白感到诧异。因此，我在这个梦中就把自己当成一个“无主漫游症”（是一种癔症）患者。

通过分析，我又发现了另一种解释。我想要解释这个梦的意图根本不是我的本意，而是一位神经症患者的想法。如果我把这种解释归结为梦的工作，那就太令我惊奇了。我曾经认识一个受过高等教育、心地善良的男子。他的父亲去世不久，他就一直责备自己具有谋杀的意图。他被迫实施了各种各样的防卫措施并为此感到非常的烦恼。这是一个患有强迫性思想症的严重病例，但病人自己却可以完全察觉。起初他一外出就要留意（强迫性冲动）他所遇到的每个人会在哪里消失。如果某人突然脱离了他的视线，他就会为此感到痛苦不堪，同时认为自己把那个人干掉了。这种行为中隐藏着一种“凯恩幻想”①，并认为“所有的人都是兄弟”。如果他无法完成这个任务，就把自己关在封闭在房间里。但是报纸上却总是报道外界的谋杀事件，这使他深感不安，并且怀疑自己就是那些被通缉的凶手。在开始的几个星期里，他可以肯定自己确实没有离开自己的屋子，并因此得到了安慰。但是有一天，他突然想到自己很可能会在一种无意识的状态下走出这间房子，在自己没有察觉的情形下谋杀别人。从那以后，他就把自己房子的钥匙交给了管家，并一再地嘱咐管家千万不能让这把钥匙落到他的手上，就算他本人再三请求也不能把钥匙给他。

以上的内容就是我企图说明自己在无意识里调换了车厢的缘由。这已经在梦念中设计成形，准备原封不动进入梦的内容里，并且在梦里满足了自己和病人等同的愿望。我对这个人的回忆很快让我想起：

---

① 《圣经》中的凯恩杀死了自己的兄弟，因此凯恩有谋杀者的意思。

上一次的夜间旅行中，我就是和这个人一起度过的。那时他的病已经好了，我们一起去看望他那些遍布各省的亲戚们。那次旅途中，我们占了一个车厢，整个夜里都敞着窗，而且在入睡前，我们聊得非常愉快。我清楚地知道他的病根在于对父亲的仇恨冲动，这源于他的童年，而且和性有着极大的关系。通过我对他的等同，我向自己表明了同样的冲动。事实上，梦的第二部分以一种荒唐的幻想来作为结束。因为这两个人对我很不礼貌，而他们的无礼却是因为我的闯入会使他们夜里拥抱、接吻的计划全部泡汤。这种幻想可以一直追溯到童年时代，孩子们由于好奇而闯入父母的房间里，最后还是被父亲赶了出去。

我认为不需要再列举更多的梦例了，上面的几个梦例已经能够证明我前面所提及的那个结论——梦中的判断、结论只是对梦念里原型的重复。通常情况下，这种重复与再现是很不恰当的，有时会有一个非常不相称的内容插进来，它偶尔也会运作得非常巧妙，以至于从表面上会使我们认为这是梦中独立的心理活动。这里需要我们注意的是，尽管精神活动没有参加到梦的构造中，但它却能把各种来源的元素融汇在一起，并使它们具有意义而互不矛盾。在讨论这个问题之前，我们先要了解在梦里所形成的情感，并将它们与梦念里的情感进行比较。

第八节　梦中的情感

斯迪克细致的观察使我们注意到，与梦的内容相互比较的话，梦中（表现）的情感更不容易被忘记。“假如我在梦里恐惧强盗，强盗当然是幻想出来的，可是那恐惧却是真实的。”假如梦里我感到愉悦，也是一样。从感觉上可以知道，梦里所体会到的情感强度并不比清醒状态时的逊色。梦确实花费了很大的努力把它的情感融入到真实的精神经验里，对于其他内容却无此要求。然而在清醒时，我们却不能通过这种形式把情感包容进来。除非情感与某个观念联系密切，我们无法对它作出精神上的评价。如果情感不能与观念的性质及强度相符合，此时清醒状态下的判断力就会混乱不堪。

令我们感到惊奇的是，清醒时必定会引发我们情感的某个观念，出现在梦中时却没有引起情感波动。史特姆贝尔曾主张梦里的意念并不具备精神价值。但梦里却存在着一种完全相反的情况，一些看似平常的事件，却可以引发强烈的情感冲动。所以，梦里也许我正处于一个恐怖、危险及令人生厌的环境里，但我并没有感到害怕和厌恶。相反，一些无害的事件令人惶恐，或者我为一些幼稚的事而感到得意洋洋。

在了解梦的隐意之后，这些梦生活中的谜团就会快速而彻底地消失了。我们用不着为此大伤脑筋，因为它已经不复存在了。经过分析后，我们发现梦念的材料会被移植和替代，而情感却可以保持原样。我们不必为这个现象感到惊讶，因为经过改装的梦念材料自然不会与那些未经改装的结果相吻合。经过分析后，把合适的材料放回原地，这也就不足为奇了。

在某个被审查作用影响和抗阻的精神情结里，情感是最不会受到影响的。这一点能够指引我们如何去添补那些遗漏掉的思想。对心理患者来说，它比梦还要准确。因为它们的情感至少在质上讲是适当的，尽管其强度会由于神经质注意力的移植而有所夸张。假如一个癔症患者会为自己对某些琐屑之事的情绪而感到惊讶，或者一个患有强迫性思想症的人会为自己对某些并不存在的事物而感到困苦自责并且大为惊异，那这两者都是迷失方向的。他们把这些意念，即琐屑之事和根本不存在的事物，认为是至关重要的。他们所做的挣扎是白费心机的，因为他们把这些意念当成其思想运作的起点（这就是病根所在之处）。精神分析可以使他们回到正途，让他们觉得这些情感是正当的，并且挖掘出原本属于它们但受到抑制并为一些替代物所替换的意念。所有这些的前提是，我们不要认为情感与这些意念之间存在着必然的器质性联系，它们只是勉强拼凑在一起的两个分离的个体，经过精神分析后就能够把它们分离出来了。从解析梦的经验来说的确如此。

我首先列举一个梦例。尽管梦的意念本应形成情感上的波动，事实却恰恰相反。

(1) 在沙漠里她看到三只狮子，其中一只还向她大笑着，但她并没有对此感到恐惧。后来她决定要逃离它们，因为她正企图爬上一棵树。但这时她却发现她的表姐（一位法国夫人）已经在那树上了……

分析推导出以下的事实。梦里“不为所动”的原因是一句英国谚语：“鬃毛只是狮子的装饰品”。她的父亲蓄着的胡须就像是狮子的鬃毛一样，她的英语老师又叫做莱茵（lion，狮子）小姐，有一个熟人给了她一本 Loewe 的民谣集（Loewe，德语为“狮子”），这些就是梦中三只狮子的来源。后来她为何又害怕了呢？她曾读过一个故事，讲了一个黑人在同伴的怂恿下而反叛，结果被猎狗追逐，最后不得不爬到树上逃命。随后，她兴奋地说起了她一些残存的记忆，比如如何捕捉狮子，“把沙漠放在筛子里筛干净，那么狮子就会筛下来了”。还有一个关于某个官员的轶事，尽管十分有趣但知道的人很少：有人问他为什么不想方设法地去讨好上司，他说他已努力过，但他的上司却早爬上去了。再加上下面的回忆，就可以完全解释这个梦了。她在做梦的那天去拜访了她丈夫的上司，他对她非常友好并吻了她的手。尽管他的块头很大，并且在首都是一个主要的社交人物，但她一点也不害怕他。所以，这只狮子就像那只暗藏在《仲夏夜之梦》里的狮子，所有梦到狮子而不会害怕的梦都属于这种情况。

（2）第二个梦例是一个年轻的女孩看见她姐姐的小孩死了，躺在一个小棺材里，但她并没有为此而感到丝毫的伤心。经过分析知道，梦者只是想通过这个梦来改装她想要再一次见她所深爱的男人的愿望。她的情感要符合于愿望，并不是符合改装。所以，她不感到伤心难过。

在某些梦例中，情感会与那个原来它所依附的但后来被取代了的梦念材料存在联系。但在别的梦里这两者之间的区别却很大。情感和它所属的意念完全没有联系，但在梦的另一部分出现时会和新组合的梦元素相互配合。这就像我们前面提过的梦中的判断一样，如果梦念里出现了一个判断，这个判断也必定包括在梦里。但梦里所作出的结论很可能移植到另外一个不同的材料上。这种移植通常遵循着对偶原则。

（3）海边有一座城堡，后来它不再靠近大海，反而坐落在一条连接海洋的狭窄运河上。城堡的总司令是P先生。我和他一起站在一个有着三个窗户的接待室里，前面是一个如城墙一样的突起物。我属于留守部队，或许是一名海军的志愿军军官。因为是在战争状态中，我们对敌人舰队的到来感到害怕。P先生想要离开这里，他向我指明如果敌人到来的话我要如何应付。他的妻子是个残废，并且和孩子们一起留在这座危险的城堡中。如果敌人开始轰炸，大厅必须要清空。他的呼吸沉重，突然想转身离去，这时我一把抓住了他，问他在需要时我们怎么联系。他说了一些话，突然倒在地上死了。很明显，我的问题给他增加了一些不必要的刺激。他死去以后，我竟然没有任何的悲伤。我在想他的妻子（现在已经成了寡妇）是否要离开这里，我是否需要向更高的统帅部报告他的死讯，以及我是否要接替他来统治这座城堡（因为我的地位仅在他之下）。我站在窗前，眺望着那些经过的船只。那些船都是商船，它们快速地驶过深色的水面。其中几只船立着几个烟囱，还有几只船有着向外突出的甲板。

（正如梦开始时的那个车站建筑物，但这里没有相关的报告。）

这时我的兄弟站在我的身边，我俩一起站在窗前望着运河。当我们看到一艘船时，我们恐惧地大喊："舰队来啦！"但后来我们发现那是一艘返航的船。之后出现了一条小船，它以一种滑稽的方式行驶在水面上，而且它的甲板上放着一些呈杯状和箱形的奇怪物品。于是我们一起喊道："那是一艘早餐船。"

快速行驶的船只、深颜色的水面以及烟囱里冒出来的褐色烟雾——这些组合在一起，给我一种紧张的凶兆。

出现在梦中的地点是由我曾经几次到亚地里亚海旅行（杜伊若、威尼斯、梅兰米尔以及阿奎利亚等地）的复合印象所组成[①]。在做这个梦的几个星期之前，我和我的兄弟一起去阿奎利亚旅行，那是一次

① 这个梦在弗洛伊德与弗利斯于1898年4月14日的通信中有详细的记载。阿奎利亚的数里外有一条小运河与咸水湖相连，格瑞多为湖中的一个岛屿。这些地方位于亚地里亚海的北端，1818年以前，是奥地利的一部分。

短暂而愉快的东部之旅。这个梦暗示了美国和西班牙之间发生的海战，以及由于战争带给我的焦虑感（为我那些居住在美国的亲戚感到担忧）。

梦里有两个地方应流露出情感。第一处的情感不但没有发生，反而把注意力集中在P先生的死“对我没有悲伤”；第二处是我以为看见了敌人的舰队而感到的一种恐惧，并使整个睡眠都充满了恐惧感。这个梦的结构如此完美，梦中的情感也配置得非常巧妙，不能发现任何明显的矛盾。我没有理由为P先生的死而感到恐惧，但在成为城堡的司令官之后，我却因为发现了舰队而感到恐惧。分析的结果表明，P先生只是我的一个替代物，但在梦中却表现为我替代了他。其实上，我就是那个突然死去的司令官，梦念是我死了以后的家庭情况。这点是梦念中唯一困扰我的地方。所以恐惧感一定与之分离，并与我误以为看见舰队的情形相互联系起来。另外，与舰队有关的梦念却来源于我的一个非常愉快的回忆。一年前我还在威尼斯，在一个神奇而美丽的白天里，站在希尔维尼河岸上的房子里凭窗眺望着蔚蓝色的水面。那天的水面上有很多船只。我们在等待英国船只的到来，准备给予隆重的接待。突然间，我的妻子像一个小孩似的快乐地大喊：“英国舰队来啦!”可是在梦里，我却因为这些比较相近的话语而感到万分恐惧。从这里我们发现，梦里的话语源于现实的生活。后面我将会说明我妻子所说的“英国”也避免不了梦的工作。所以，在梦念转变为梦内容的过程中，我把愉快转变成了恐惧。这里我需要解释一下，这种转变本身就可以表达出梦中的隐意。这个例子可以说明这样的问题：梦的工作可以任意地切断情感与梦念之间原来的联系，并在梦的显意中的某个经过选择的地方再把它展现出来。

这里我详细地解释一下梦里的“早餐船”是什么意思。它的出现使原本合理的梦变成一种毫无意义的结论。当再次回忆这个梦时，我惊奇地发现那条船是黑色的，而且船的中部最为宽阔的地方已经被切断了，因此它看起来就像伊特斯坎城中博物馆里的一种器皿。它们是正方形的黑色陶器，有两个把手，上面摆放着装茶或是咖啡的杯子，很像我们现在的早餐用具。我被它们深深地迷住了。经过管理员的解释，我知道了那是伊特斯坎妇女使用的化妆盒，那些形似杯子的东西是用来盛胭脂和香粉的。我们开玩笑说：“如果拿回家给妻子用倒是个不错的主意。”所以，梦里出现的那个情景就代表着黑色的丧服，意指死亡。另一方面，这个情景也让我想起了那些装载死尸的船只——古代的人把死尸装在船里，并将死尸葬于大海里。这与梦里那只回航的船相关：

平静地坐在船上，
老人静静地驶回港口。①

这条船在失事后回航（德语“Schiffbruch”的字面意思是“ship – breaking”），而早餐船（Breakfast – ship）正好在中间被切断了。但“早餐船”这个名词又是怎么来的呢？它来源于我妻子那句话里被遗漏掉的“英国”。英语里的“早餐”意味着“打破绝食”，而“打破”又与“失事”相互关联，“绝食”与黑色丧服相关。

但“早餐船”这个名词是梦的创新而得来的，这使我想起那次旅

① 见席勒的《生与死的寓言》。

行中所发生的最快乐的一件事。我和我的兄弟不放心阿奎利亚的食物，所以从格热利亚带了些食物，并在阿奎利亚买到一瓶上好的伊斯醇酒。当我们乘坐的小邮轮慢慢驶过德勒密运河，在广阔的咸水湖上驶向格拉多的时候，我和我的兄弟坐在甲板上兴高采烈地吃着早餐。在以前，我从未吃得这么痛快。这就是“早餐船”的由来。在这快乐的回忆后面，潜藏着一种对那未知而又神秘的未来的灰暗念头。

情感和与之关联的意念相互脱离，在梦的形成里是非常醒目的事实，但在梦念转变为梦的内容的过程里，它并不是唯一的或是最为重要的转变。把梦念里的情感与梦中的情感相互比较，立刻就会发现一个明显的事实：不管在什么时候，都能从梦念里找到梦中的情感，反过来却行不通。通常的原因是，在经过了各种作用后，梦中的情感已大大逊色于原本的精神材料。在梦念重新构筑的时候，我们发现那些最为强烈的精神冲动为了在梦中得以表现，而与一些与之对立的力量进行抗争。但我们回过头来看它在梦中的表现时，它却是无色的，并不具有任何强烈的情感。梦的工作把梦的内容及我思想中的情感部分都降低到平淡的程度。也可以这么说，梦的工作导致了情感的抑制。

但有时却并非如此，在梦中也会出现鲜明生动的感情。但我们首先要考虑这样一个事实：许多看似平淡的梦，在探究其梦念时却有着深厚的情感。

在梦的工作对情感的抑制这一方面，我还不能给予完全充分的解释。如果这样做的话，我就要先对情感的理论以及抑制的机制进行深入的探究。我只想提两点，由于其他的原因我不得不这样认为，情感的宣泄是一个指向身体内部的离心过程，与运动和分泌过程里的神经分布类似。正如睡眠状态下运动神经冲动的传输会受到限制，潜意识所唤醒的情感宣泄也会在睡梦中变得困难起来。这时，梦念里的情感冲动会变得微弱，在梦中就不会强烈表现出来。由此看来，“情感抑制”并不是梦工作的特点，而是睡眠所导致的结果。这也许是真的，但并不完全正确。我们还需注意，任何一个复杂繁琐的梦都是多种精神力量在相互抗争后形成的相互妥协的结果。构成愿望的梦念必须与那抗阻的审查作用进行斗争。另一方面，我们已经知道，存在于潜意识里的每一个思想系列都包含着某种情感。所以，情感的抑制是种种相对力量的互相压制以及被审查作用所抑制的结果，这不会有什么错误。情感抑制是审查制度的第二结果，而梦的改装则是其第一结果。

梦的工作除了把梦念里的情感转变或降低为零以外，还有一种处理它们的方法——把它们转变为对立的一面。我们已经非常熟悉这种释梦的规则——在释梦时，每一个梦元素都可能表示着相反的意义。事先，我们并不知道它们所包含的意义，只能根据梦的内涵才能对其作出推断。一般的人对此表示怀疑，因为有关解析梦的书里通常使用着“梦的意义与其内容正好相反”的规律。这种能把某件事情转变成其对立面的原因，是由于在我们的脑海里，某件事情及其对立面是密切相关的。与其他的移植作用类似，这种转变可以满足审查作用的结果。但这往往是愿望实现的产物，因为愿望的实现本身就是一件愉快的事来替代其对立面，完成一种移植作用。就像某种意念的对立面能够在梦中得以表现一样，梦念中的情感也是如此，但这种情感转换似乎总是通过梦的审查作用来实现。用我们都非常熟悉的社交活动来与梦的审查作个类比。我们在社交活动中往往利用压制或是装出来的相反的情感来达到掩饰自我的目的。假如我要和一个大人物说话，我不得不流露出毕恭毕敬的态度。如果我想要骂他几句，那我也得尽量克制着自己的情感，并极力缓和自己的语气。如果我说的话并不出格，但我的神情和态度却显示出敌意和轻蔑，后果就与在其面前公开表露敌意一样了。所以，是审查作用在抑制着我的情感。也就是说，如果我是一个善于伪装的老手（所谓的笑面虎），就完全可以装出对立的情感——在愤懑时装着微笑，在恨不能置对方于死地的时候还表现出和蔼友善的表情。

神经质性格有一个重要的特征：由于某种起因而导致的情感波动在质上讲是适当的，但在量上却超出了极限。心理学所涉及的范围，也可以解释以上的观点。那些超过的部分同样也源于曾经受到抑制而遗留在潜意识中的情感。这些情感与某个真正的原因相互关联，还会通过抑制转变它们之间的关系，从而形成了情感宣泄所需要的通路。有时这二者也会互相配合得以增强，导致这一病态的结果，这一点是很值得重视的。

通过这些精神机制的提示，我们更加深入地了解梦中情感的表现。某个得以在梦中表现的满足，尽管可以在梦念里发现它的来源，但并不能完全运用这种关系来对此作出充分的解释。很多情况下，我们还需要从梦念里找出另一个来源，它却是被审查作用所抑制的。由于抑制压力的存在，这个来源并不能表现出平时所具有的效果，而相反以其对立面表现出来。由于情感的第一种来源是确实存在的，从而使第二种来源的满足免受抑制的作用，这样一来就使第一种来源的满足更加强烈了。由此看来，梦里的情感是好几个来源的合成产物，它们均受到梦念的多重决定。换句话讲，在梦的工作中，情感的形成是能够对产生同样情感的各种来源进行了合成制造。

在分析上一节最后那个梦例（以“未活到”为中心）中，我们可以更深入地了解这些复杂的关系。在这个绝妙的梦里，各种不同的情感在梦里集中于两个焦点上：第一，当我用两个词把我的朋友和对手歼灭了以后，就产生了仇恨和痛苦的感觉，但在梦中却使用了“有一种古怪的情感克制着我”这样的话语；第二，在梦快结束的时候，我突然非常兴奋，因为只用愿望就可以把那些归魂消灭（尽管我在清醒时非常了解这是荒谬的）。

前面在解析这个梦的时候，我一直没有提到这个梦的缘由。它非常重要并且可以使我们更好地理解这个梦。我的一个朋友告诉我，弗利斯（他在柏林）将要做手术。我想从他那些住在柏林的亲戚那里打听到他的近况。起初我得到的关于他手术的报告很不确切，所以很为他担忧。我本该亲自去看望他，可我那时正好染病，无法动弹，所以我在梦念里担心他的健康问题。我曾经听说他仅有的一个妹妹在年轻时害了一场暴病死去（我并不认识她）。梦里弗利斯说她在45分钟内就死去了。我以此想象他的身体比他的妹妹强不了多少，又想象到我在听到许多坏消息后必须去看望他——可是我到的时间太晚了，为此我一直在自责[1]。这个对“自己到得太晚”的自责成为这个梦的核心，但它却用另一个情景表现出来，即我还是学生时，那位可敬的老布鲁克用那双蓝眼睛狠狠地瞪着我这一情景表现出来。梦让另一个人拥有了这双蓝色的眼睛，但我却扮演了那个歼灭的角色——这很明显是愿望实现的结果。我对这位朋友的关心，对自己未能去探望而感到自责，以及对这件事感到羞愧（他悄悄地来维也纳看我），都使我觉

① 这个想象构筑了潜意识的梦念，它用“未活到”来代替“已经死了”。也就是说：“你来晚了，他已经不再活着了。”我在前面已对这个梦进行了解析，并且认为“未活到”这个词也是梦中的显意所需要的。

得自己是以患病为借口而不去看望他。这些造成了梦中的情感风暴，同时也在梦念中激荡不已。

产生这个梦的缘由还包括另一个事件，它产生出相反的效果。弗利斯在做完手术的头几天里，情况很不好。当我得到这个消息后，有人劝我不要把这个消息告诉任何人。这使我很难过，因为这很明显是在怀疑我的谨慎，这样做实在是不必要的。我清楚地知道这句话不是我的朋友说的，而是由于传达的人愚笨和担忧。但是，字里行间所表露出来的责备却使我很生气。这也并非毫无道理，我们都知道，只有那些实质性的责备才会带给人伤害，才使人更加难堪。我想起一件与弗利斯毫无干系的事情，它发生在我的年轻时代。我认识两个人，他们是非常要好的朋友，而且他们用友谊来表示对我的尊敬。我在一次谈话中，不小心对其中一个人讲了另一个人说他的坏话，这使他们之间产生了矛盾。那次我受到了责备，并使我一直无法忘怀。这两个人里，其中一个是弗利雪教授，另一个是约斯夫——他正好就是在梦里出现的我的对手兼朋友的 P 先生的教名①。

梦念里的这个元素指责我不能保守秘密。同时弗利斯问我曾对 P 说过多少有关他的事也是同样的指责。但是，这个回忆（我在年轻时不能保守朋友的秘密而导致被责备的后果）却使我现在的“到得太晚”的责备转移到我原来在布鲁克实验室的工作时期。同时梦中歼灭

① 弗洛伊德于 1876 ~ 1882 年在维也纳生物研究所供职。布鲁克是他的上司。他的两个助手中的一个就是弗利雪，他比弗洛伊德大 10 岁，而且在晚年身染重病。在生物研究所时，弗洛伊德遇到了约斯夫·布洛尔，他的伟大前辈，他们一起合著了《研究癔症》一书，也是出现在这个梦里的第二个约斯夫。第一个约斯夫则是约斯夫·帕那特，也就是 P 先生，后来他接替了弗洛伊德在该所的职位。

的情景把第二个人变成了约斯夫。我不但指责自己到得太晚，而且还指责自己不能保守秘密（这一指责是我强烈抑制的）。从这个梦里我们可以发现凝缩作用和移植作用，以及它们产生的缘由。

在被告知不要泄露弗利斯疾病的秘密时，我感到一种微弱的愤怒。这个愤怒在我的内心得到强化，最终变成一股仇恨的激流，并把矛头指向现实生活中我所喜爱的人们。这种内心的强化来源于我的童年时代。我在前面已经提到，我对同龄人的友好和敌意与在童年时比我大一岁的侄子有关，我很早就学会了抵抗他来保护自己。我们生活在一起，又是不可分离的朋友。但有一段日子里，我们的长辈回忆说我们经常打架，相互指责。在某种意义上，我所有的朋友都是这个侄子的化身，他们都是归魂。当我长成一个少年时，这个侄子又出现了。也正是那时，我们一起扮演了恺撒和布鲁特斯。我的情感生活一直坚持我要有一个知心的朋友，也要有一个仇恨的敌人，而我始终都能做到这一点。同时，这些童年的思想会使我把朋友和敌人集中在一个人身上，当然这种情况不会经常发生。

但是为什么说一个最近发生的事件会引发出儿时的事件，而且可以取代现在的因果关系呢？这个问题属于潜意识思维心理学的范畴，或者通过神经症的心理学可以解释它，在这里我不能讨论这个问题。为了更好地解析梦，我们可以假设我那童年的回忆（或者只是一些幻想）具有下列几个内容。两个小孩中谁要是先抢到一个东西，这个东西就属于他。我和侄子整天都在争斗着，因此力量就是权力。从梦里所提供的证据来看，我已经发现了自己的过错（“我意识到自己错了”），但这次我是胜利者，我控制着整个局面。于是，失败者就急忙跑到我父亲（他的祖父）面前告状，我却从父亲所说的话里为自己辩护："他打了我，所以我才打他。"这个记忆（它很可能是一个幻想）在我分析这个梦的时候突然出现于脑中，并且成为了梦念的中间元素，同时还在积攒着梦念中的情感，就好像一口井汇集了流入其中的水一样。从这里可以发现梦念正是这样的："你对我让步，那是活该！你为什么想要推倒我呢？我不需要你，反正我不久后就会找到新的伙伴"等等诸如此类的想法，之后这些想法就进入了梦中。有一次我曾指责过约斯夫（即P先生），因为他有着很类似的态度。"让开！"他接替了我的工作，成为布鲁克实验室的助手，但在这个实验室里想要升职是非常缓慢而且令人烦恼的。布鲁克手下的两个助手都没有想要离开的念头，年轻人就沉不住气了。我的这位朋友自知时日不多了，而且他与上级的关系又很不好，有时难免会公开地发牢骚。又因为他的上司弗利斯当时病得很严重，因此P先生希望他尽快离职的愿望可能不只是得到晋升那么简单，他还有更加恶毒的想法。当然，在前几年里，我也有这样的想法。只要有晋升的可能，就一定会对这个愿望加以抑制。不过与我的推理一致的是：梦里我的朋友受到了惩罚，而我却安然无事。[①]

"因为他野心勃勃，所以我杀死他。"因为等不及别人的离去，所以他自己就先离去了。这是我在参加学院（不是他的，而是另一个人的）纪念碑的揭幕仪式后油然而生的一种感想。所以，我在梦里体会到的满足感应这样解释："这是一个公正的处罚，你罪有应得。"

在P先生的葬礼中，一位年轻人说了一句似乎是不合情理的话："那些教士说的话让我觉得我们在失去这个人以后无法再继续生存下

① 约斯夫在这个梦里是一个非常重要的角色。而我的自我则把自己藏在这个名字后面，因为约斯夫是《圣经》里最为著名的释梦者。

去了。”他的这句话只是表达了他的真实情感，但这种夸张的说法却冲淡了悲伤的情绪。但他的这句话却引发了以下这个梦念：“是啊！没有人是不可取代的。我已经目睹了多少人死去，而我却还活着，所以我拥有了这个领域。”当我担心自己看不到弗利斯最后一面时，类似的念头也在我的脑海中出现。我对此只能这样理解：因为我比别人活得更长久一些，因为死的是他而不是我，因为我拥有了这个领域（就像我童年时代所幻想的一样）。正是源于童年时的这种抢夺胜利的愿望，构筑了梦中情感的主要部分。我为自己还活着感到高兴，从而表达出一种与生俱来的利己主义的满足感。

在解析和报告某个人的梦时，需要高度的自律是无可否认的。这样做可以使那个报告者成为唯一的坏蛋，而与其生活在一起的人们都是些品德高尚的正人君子。因此，我觉得自己很坦然。我想要这些归魂活多久就活多久，而且用我的一个愿望就可以把它们全部消灭。这就是我的朋友约斯夫在梦中受到惩罚的原因所在。但是归魂却是我童年时一个朋友的化身，也是我感到满足的一个缘由——我一直希望可以找一个人来代替他，而我也可以找到一个人来代替这个快要失去的朋友，因为没有人是不能被代替的。

这时，梦里的审查制度又变得怎样呢？它为何对这种恶毒的私利不闻不问呢？它为何不把这种联结着思想串列的满足感变成一种极度的痛苦呢？我想这是由于在同一个人身上，那些无法反对的思想串列同时也得到了满足，并且使其激发出来的情感掩盖了受到抑制的来自童年幻想的情感。在举行揭幕仪式时，我还有另一种思想：我失去了多少朋友啊！他们之间有的已经死去，有的则由于友情的破裂。我要维持这份友谊而永不失去它。因此，“我可以让一个新的朋友来代替失去的友谊”这个念头可以不受任何干扰地进入梦里。但与此同时，那个源于童年的敌意的满足感也溜进梦里。童年的情感无疑使这个合理的情感得到了增强，但同时也把自身的仇恨情感表现出来了。

除此之外，梦里也清楚地暗示着另一个能够导致满足的思想串列。在前不久，我的朋友弗利斯终于得到了一个女儿，这是他盼望已久的事情。我知道他始终为死去的妹妹感到悲痛，他写信告诉我说，他终于可以把对妹妹的爱转移到这个女儿身上，而他的女儿也可以使他忘掉那无法弥补的损失。

这组思想与梦念中的中间思想发生了联系，而且这些联想又向相反的方向衍射。“没有人是不可取代的。”“只是一些归魂罢了，我们失去的一切又都回来了。”梦念中那些矛盾成分之间的各个联想又因为以下的偶然事件而联系得更紧密了：弗利斯的女儿正好和我儿时的女伴（她和我同年，并且是我最早的朋友和对手的妹妹）同名——她们都叫萨琳。当听说这个消息时，我的内心得到了极大的满足。同时这也暗示着另一个巧合，梦里我用另一个约斯夫来代替约斯夫，而且无法抑制弗利斯与弗利雪之间的相似性。我的思想因此转移到自己孩子的名字上，我始终给他们取一些平实的名字，而避免追求时尚，并以此来纪念一些我喜爱的人。因此，他们的名字使他们变成归魂。我想，繁衍子孙不正是通向永恒的唯一途径吗？

梦念里的情感经过衰减、删除和颠倒等复杂过程，最后蜕变为梦中的情感。这些复杂的过程在经过仔细地分析后可以从合成的梦里辨认出来。

我还需要对梦中的情感这一话题作一点补充。从另一种观点看，睡眠者的脑海里存在着一种居于统治地位的元素，它造成了我们所谓的“情绪”（或者是某种情感的倾向），这对于睡眠者的梦具有决定性的影响。这种情绪的来源可能是其前一天的经历或是想法，或者源于记忆，但不管怎样，都有相对应的思想链伴随着它们。对于梦的构成来说，不管是梦念的内容决定了情感，还是情感决定了梦念的内容，这二者没有区别。它们都说明了梦的构成只是受到愿望实现的影响，同时梦从愿望里得到了本身的心灵动力。而实际存在的情感与梦中形成的情感并没有分野（见第四章第三节）。它们有时会被忽略，有时又会成为新的有关愿望实现的解释材料。睡眠状态下的不安情感可以引起强烈的愿望，使之成为梦的原动力，并达成愿望的满足。于是，这些情感所包含着的材料就会被利用和运作起来，直至达到愿望得以实现这个目的为止。如果这些不安的情感在梦念中越是强烈与明显，就越容易使那些受到强烈抑制的愿望进入梦中。这不快的情感已经存在了，无需另行制造，这些自身进入梦中这一困难的工作也就完成了。这里我又提到了焦虑梦这个话题，在后面我们就会了解这其实属于梦工作的边缘特性。

第九节　再度纠正

我们现在终于可以探讨梦的构成中的第四个因素。

如果仍用原来的方法来研究梦内容的意义，也就是把梦里那些明显的内容与其来源作比较，我们就会遇到一些特殊的元素。对于这些元素的解释必须使用新的假设。我记得在一些梦例中，梦者感到惊讶、气愤或是不被接受，这些仅仅是由梦的内容中的某一片断所引起的。在以前列举的例子里，我们可以发现梦中强烈的感觉与其内容并不一致，它们属于梦念的一部分。对此我会用一些合适的例子来给予解释。但还有很多类似的材料不能用这种方法予以解释，因为在它们与梦念之间无法建立起联系。比如，梦中我们常常可以听到“这仅仅是一个梦”这样的评论，而它又有什么意义呢？这评论是针对梦的真实反映，就像我们在清醒时一样。它通常是从梦中醒来的前兆。更为常见的是有一些不安的感觉会紧随着它，然后在发现这只是做梦后逐渐平息下来。

当梦中出现“这只是一个梦”的想法时，其主要的目的是要降低梦者体会到的事物的重要性，从而使后面的事情继续下去。它能缓解那些有充分理由让自己异动的特别因素，从而使梦无法延续。“这只是一个梦”，所以，还是继续睡眠和做梦会更舒服一些。我认为，只有那永不停歇的审查制度发现它不小心让一个梦发生了，“这只是一个梦”的论断才在梦中出现了。此时要想把梦压制住已太晚了，于是审查制度就利用这句话去对付梦里产生的焦虑感和痛苦感。精神审查制度的这种做法就好像是一种补救措施，有点类似于“马后炮”的性质。

从上面的叙述中我们可以发现：梦中出现的每一种事物，并非都源自梦念。有时梦的某些内容是一种清醒状态下思想的精神功能产生的。但问题在于，这种现象是否只出现在某些特殊的情况，或者这种精神功能除了具有审查作用以外，它还经常占据梦的某一内容呢？

我们可以肯定后一种说法是正确的。尽管审查机制的功能只是对梦的内容进行删除和制约，但它同时也会在梦的内容中增加或插入某些情节。这些插入进来的情节可以很轻松地被辨认出来。梦者在讲述这些情节时总是犹豫不决，而且经常用“好像”这个词来修饰。它们本身并不引人注意，但它们却是梦两部分内容的连接点，或者将梦本身的两个部分连接起来。和那些源于梦念的材料相比起来，它们不易被记住。如果我们遗忘了梦的内容，最先忘却的就是这一部分内容。我们常常听到这样的抱怨："我做了很多梦，可我几乎全部忘掉了，留下的只是一些零零碎碎。"我觉得这种情况就是由于快速忘却的思想引起的。在全面的分析过程里，我们发现它与梦念的材料毫无关联之处。但经过详尽的考察之后，我又发现这些插入的情节尽管可以追溯到梦念之中的材料，但它们要是凭借自身的力量或先决的方式是无法进入梦中的。只有在一些极为少见的情况下，这种精神功能才能进行创新活动。一般情况下，它们只是利用梦念中现成的材料。

精神功能的目的在于，把梦工作的某一部分加以区别并展示出来[①]。这种精神功能的表现形式有些类似于诗人（海涅）在恶意讽刺哲学家那样：它用破烂不堪的碎布来缝补梦的构架之间的空隙。在它的努力之下，梦在表面上并没有表现出任何的荒谬性和间断性。梦似乎是理智的、可以理解的，但有时它的努力并不会获得成功。

从表面上看，梦通常是符合逻辑与情理的。它们以一个可能的情况作为起点，经过一系列的发展变化后，最终得到一种大致合理的结论（尽管不很常见）。这样的梦一定会被近似于清醒时意念的精神功能进行大量的修正。它们似乎具有某种意义，但是与梦的真正意义大相径庭。对它们进行细致的分析，我们就会轻而易举地发现再度纠正是如何娴熟地运用着梦的材料，同时又把这些材料之间的联系降低到最少。可以这么说，这些梦在清醒的头脑里得以解释之前，就已经被

---

① 弗洛伊德曾说过，严格地来说，再度纠正并不是梦工作的一个部分。

解释过一遍了。在别的梦例中，这种具有偏向性的纠正作用并没有完全获得成功，由此就使梦的某一部分看似很合理，接下去又是非常模糊的，再下去又会变得合理了。还有一些梦，纠正作用完全失败了，由此形成的梦只是一大堆毫无意义的碎片组合罢了。

我不否认在梦构成里存在着第四种因素，不久我们就会对此非常了解。在梦构成的四种因素里，我们最熟悉的就是它了。我同样也不否认这第四种元素对梦所作出的新贡献。就我们所知，它与别的因素一样，据自己的偏好程度来选择并利用那些存在于梦念里的现有材料。比如有一种梦，由于在梦念里已经存在着梦的模样，所以它就无须再为“门面”进行辛苦构建了。对于这种梦念，我们称之为“想象”，这很像我们在清醒状态里的“白日梦”，或许这么说可以不会产生误解。但是，通过对心理病患者的研究，我们惊奇地发现想象或是白日梦却是癔症症状的前兆（就算不完全是也至少是很大的一部分）。癔症的症状与真实的记忆并没有联系，它们只是建立在记忆之上的一些幻想。由于日间里这种意识到的幻想经常出现，我们认识了它的构造。除了这些意识到的幻想以外，还有更为广泛的潜意识里的幻想——它们的内容及其受抑制的来源使它们存在于潜意识中。对这些白日幻想的特点进行研究后，我们发现用夜间的思想产物——梦——来与之作比较是完全恰当的。它们与梦之间有很多相同的特性，对此的研究或许可以成为释梦的最有效、最快捷的途径。

与梦一样，它们也是愿望的实现；与梦一样，它们也来自于幼儿时期经历的印象；与梦一样，它们也由审查作用的松懈中获得某一程度的利益。只要我们仔细地观察它们的构造，就不难发现梦所要实现的愿望的目的，也是把各种各样的梦材料重新加以组合并使之成为新的整体。而它们和幼儿时期记忆的关系，与罗马的宫殿和历史的废墟之间的关系一样——那些残垣断壁为现代建筑的构架提供了借鉴。

在梦构成的第四种因素“再度纠正”里，我们又可以发现同样的精神活动。这种精神活动在构筑白日梦时并不会受到影响，而是直接表现出来。简单地说，我们所论及的“再度纠正”把参考的材料塑造成一个类似于白日梦的东西。如果在梦念里已经存在着一个现成的白日梦，梦的工作就会对这个现成的梦念加以利用，并让其进入到梦的内容里。所以，有些梦只是对日间幻想的重复（或许是存在于潜意识的想象）。但这些有趣的想象往往只形成梦的一部分，或者说只有一部分得以在梦中表现。对此我们只能这样解释，即梦的形成过程里需要满足很多复杂的条件。在通常情况下，幻想和梦念的其他成分的待遇相同，不过它们在梦里被看成了一个整体。在我做的一些梦里，常有许多部分是非常特殊的，它们与其他的部分截然不同，但似乎表现得更为流畅、关系更为紧密，而且也很短暂。我清楚地知道它们都是表现在梦中的潜意识幻想，可惜我从未把这些幻想成功地记录下来。另外，这些幻想与梦念里的其他成分一样会受到抑制和凝缩，并且也会相互叠加。当然也有一些折中的例子，在两个极端（一边是原封不动地构成了梦的内容，另一边则恰恰相反）里，它们只是通过其中的某一元素或是非常遥远的暗示表现在梦的内容之中。而梦念幻想的结局，当然也与其所满足审查作用以及凝缩作用的程度密切相关。

我们必须考虑到梦的内容里的“再度纠正”与其他梦的工作因素之间的联系。难道梦的构造过程就是下面叙述的这样？梦的构成元素——如凝缩作用的运作、避免审查作用的需要，以及各种精神意念的表现力——首先在梦的各种材料中选择出临时的梦内容，再把这些临时内容加以提炼直至完全满足这次要的“再度纠正”。这种说法是不正确的。这样假设也许会合理一些：这些因素从一开始就使梦念必须符合其要求，这样才能被选择和利用并成为梦内容的一部分，这一点与凝缩作用、审查作用以及梦的表现力一样。这些因素是同时进行的；任何一个梦例中，那个最后出现的因素的需求，其影响力是最小的。

以下的内容将会使我们认识到，这个所谓的“再度纠正”的精神功能与清醒状态时的思维活动很可能是完全一致的。清醒时的思想（前意识）对所有认知材料的态度，与这些因素对待梦内容里的材料的态度是相同的。在清醒时，我们可以轻松地给这些材料排列出顺序，制造出它们之间的联系，并使它们满足于理智的期待。

而精神系统也用同样的方法去对待梦的内容，要求将这些梦元素尽量合理化，对它们进行初步的解释。但这样做往往会完全产生出误解。为了达到释梦的目的，我们的原则是：不管什么梦例，我们对梦表面上的连贯性都不加以考虑；不论梦是如何的清晰或是如何的含糊，我们都要按照各种元素的来源一直追溯到梦念的材料中去。

由此可以了解到以前提到的梦之所以表现出清晰或是含糊的原因了。“再度纠正”能形成影响的那一部分，在梦中的呈现是清晰的；反之则是含糊的。另外，由于梦里表现含糊的部分往往并非鲜明生动的，因此可以得出一个结论——这个“再度纠正”使各种梦元素的强度发生改变。

前面我们曾提出一个问题：我们的精神是否用其全部的力量或者仅仅是使用剩下的、受到限制的那一部分来制造梦的呢？经过研究我们认为这个问题是不切实际的。如果非要回答，我只能说这两者都是正确的，尽管从表面上看它们相互对立。在梦的形成过程里，我们可以分辨出两种不同的精神活动，即梦念的形成及其转变成为梦的内容。梦念完全是理性的，我们所有精神能量制造了它们，它们处于意识思想以外的进程里——通过某些变化，这些思想进程也可以产生出我们的意识思想。毫无疑问，梦念里存在着很多值得研究并且隐秘的问题，但这与梦并没有特殊的联系，在梦的问题中不需要对此进行探讨。在形成梦的过程里，第二种精神活动即把潜意识思想转变成梦的显意却是梦所独有的特征。梦的这种独特的运作方式，与清醒状态时的思维模式存在的区别比想象中要大得多。就连梦形成中的具有最低精神功能的也是如此。从质上来讲，梦的工作与清醒时的思想完全不同，它不只是粗心大意，而且没有理性、易被遗忘以及很不完全。这两者是无法进行比较的。另外，梦的工作无法进行思考、计算和判断，它自己的工作仅仅是给予某个事物以新的形象。前面我们已多次论述了其在结果出现之前所必须满足的种种情况。至于那个结果——形成的梦，最重要的就是能够顺利地通过审查作用。为了达到这个目的，梦工作就把各种精神强度都转换移植了，从而也改变了所有的精神价值。而思想则必须完全地或是主要地以视觉或听觉的记忆材料呈现出来。这样又会使梦的工作在进行转换时必须考虑表现力的因素。也许是为了要制造出比当晚的梦念更大的强度，于是就有了凝缩作用。我们用不着留意各种思想之间的逻辑关系，因为它们只是梦的外表的一个伪装。但梦念里的任何情感都不会发生很大的变化。这些情感同样受到抑制，它们脱离了原先所依附的思想，而且相同性质的情感总是连接在一起。只有梦工作的一部分——也就是受到部分清醒意识所影响的“再度纠正”（因梦例的多少而定），才与其他一些作者认为的梦的全部活动的观点相类似。

第四章　梦过程的心理

在将要进入“梦的心理”这条新路之前，我们必须先驻足观望一番，看一看在身后的来路上是否有遗漏的东西。要知道，以前所走过的路只是这次旅行中最为顺畅的（如果我没犯什么大错的话），而现在，我们即将要踏上的旅途却是一条光明之路，同样也通向更加深刻的了解和认识。我们要是深深地陷入在有关梦的精神过程的认识里，眼前将是一片黑暗。我们不能用精神过程来解释梦，因为解释就要把某个事件追溯到那些已知的知识上来。但目前还没有这样已知的心理知识，能够让我们把它们作为研究梦的心理基础理论。相反，我们必须建立起种种假设和有关心灵结构的假说，以及它们运作的力量等。我们要小心谨慎，要避免这些假设距离第一逻辑链条太远，否则假设的价值就难以确定了。就算我们的推导过程没有任何错误，对各种逻辑的可能性也作了充分的考虑，但这些假设的缺陷就足以使我们的全部努力归于徒劳。即使我们认真仔细地、逐一地对梦或是别的心灵活动进行了最为详尽的研究，我们仍然不能对心灵结构及其工作方式给予证实或认定。为了达到目的，我们必须对一系列的心理功能进行比较和研究，然后再把得到的各种结论综合起来。所以，先把有关经过梦的精神分析而得来的假设暂时放在一边，直至我们从另一角度来研究此问题的结论会与之产生联系为止。

第一节　梦的遗忘

现在，我想把话题转移到一个困难并始终为我们所忽略掉的题目上。它又很可能对我们释梦的基础产生威胁。很多人都认为，我们对那些已经解析过的梦并不了解。准确地说，我们并不能断定梦的真相正如我们所描述的那样。

首先，我们能够记住的并且能加以解析的梦，其本身就被不可信任的记忆给割裂了。我们特别记不住的梦里的内容，往往是被遗忘掉的最为重要的部分。当集中精力考虑某个梦时，经常发现尽管我们梦得很多，留在记忆里的却是很小的一部分，而我们又不能肯定这一部分的确定性。

其次，有许多理由可以证明我们对梦的记忆不但存有残缺遗漏，而且还存有谬误。一方面我们要怀疑梦是否如同记忆那般前后不相连，另一方面我们也要怀疑梦是否如同讲叙时那般连贯。在我们回忆的时候，是否用一些新的以及经过筛选的材料来添补那些被遗漏或是本来并不存在的空隙；或者说我们添加了一些修饰来使它变得流畅，这使我们无法判断出其原有的那部分内容。曾经有一位作者斯匹达这样说过，梦的前后顺序以及相互的连贯都是在回忆时加进去的。所以，我们想要判断出某个印象的价值，这个印象很可能就会被我们遗漏和忽视。

在每一个分析里我们都可以找到证据来证明，梦中最为细微的元素通常是梦的解析过程里不可缺少的成分。由于我们往往对此遗漏，梦的解析于是产生了失误。对于梦里所表现的各种形式的文字表达，我们都为它们赋予了同等的重要性。有时候梦的内容是毫无意义的或是根本不全面的——要对此进行正确的评价似乎是不可能的——但我们对这种缺陷也要加以考虑。也就是说，某一部分在其他作者看来是胡乱编造，并对此一笔带过以免产生混乱，可我们却视之为圣典。我认为解释这种不同的观点非常必要。

对这个问题的解释对我们非常有利，虽然其他的作者也不一定就是错误的。从刚学到的有关梦的来源这个知识里，我们可以马上解释这个矛盾。当我们复述一个梦时确实会歪曲它，这一点千真万确。这种歪曲正是我们前面所提及的“再度纠正”（在正常思维上施加作用的一个梦的工作因素）的再一次运作，而且它只是梦念里常常被审查作用所修正的那一部分。其他作者对此都很留意，并且怀疑其运作过程里非常明显的“梦的扭曲”作用。我们对此却无多大兴趣，因为还有一个更为深刻的扭曲作用（尽管不很明显）早就在隐匿的梦念中，把梦制造出来了。以前的学者们所犯的错误有一点：他们认为用语言来表述梦时所出现的歪曲、变异是随意的，于是认定对梦深入的解释毫无意义，这会误导我们对梦中影像的认识。他们大大低估了精神事件被影响和决定的程度，因为它们决不会任意发生。我们发现，当某个元素没有被某一思想串列所决定，另一个思想串列就会取代它。比如，我随意地想出一个数字；不过这是不可能的，这个出现的数字是被确定了的，经过了我的思考，尽管它与我现在的意图相差很远。在清醒状态里，梦所受到的纠正和变换也不是随意的。它们与那些被取代的事件之间存在着联系，并为我们指明了通向这个内容的道路。或许这个内容本身也是另一内容的替代品。

在解析梦的过程中，我通常使用这样一种方法，从未失手。我对病人所提出的梦难以了解的时候，就让他再复述一遍。在复述的时候，他会很少用到相同的字词。他所运用不同的词来表达的那一部分梦的内容，正是梦伪装的弱点。我认为它们的意义就如同哈根眼中的齐格飞外衣上的绣记一样①，它们正好可以作为释梦的起点。让病人复述他的梦，并且在一旁不断地对他说我要非常仔细地研究这个梦，在这种压力之下，他就会仓促地掩饰梦伪装的那个弱点，用一些更不明显的字词来代替那些会暴露意义的内容。这种做法正好引起了我的注意。梦者为了阻碍我解释梦的所作所为，反使我发现了其外衣上的暗作标记之处。

我们通常无法确定记忆是正确的，但对它的信任程度却总是超过了客观证据。事实上，对梦的全部或部分的正确性表露出的质疑只是梦中审查作用的一个变种，即梦念进入意识中所受到的抗阻。这种抗阻并不会由于移植和转换的发生而消失，它仍会以一种质疑的方式依附在那些被允许出现在梦中的材料上。我们极易对此产生误解，因为它是一种具有微弱作用的不明显元素，并不是那些表现强烈的元素。我们都知道，梦与梦念之间全部的精神价值都发生了置换；扭曲则在消除了精神价值后才能产生。它总是使用这种表达方式，但偶尔也会安于现状。假如梦里某一段较为含糊的内容被怀疑了，我们就可以断定，这些被怀疑的部分正是某个被禁止的梦念的直接派生物。这就是为什么在分析梦时，我强调要摈弃全部的具有确定性的衡量方法，但对于那些在梦中留下蛛丝马迹的细小元素，却要承认它们的确定性。在追溯梦的某个元素时，必须遵循这种观点，否则将导致释梦的失

① 齐格飞的身上只有一处能受到伤害，于是哈根用计使唯一知道这个秘密的克宁西在其外衣上的那一处绣了一个标记，哈根根据这个标记杀死了齐格飞。

败。如果怀疑梦里某个元素的精神价值，对梦者而言所产生的影响是，隐藏在这个元素背后的非自主观点不会进入到梦者的意识里。但这个结果并不清晰——梦者可以这么说：“我不能肯定它是否在梦里出现过，但我却有有关的观点。”说法是合理的，但并没有人这么说过。其实，怀疑是造成分析中断的缘由，也是精神抗阻的一种工具和派生物。有关精神分析的假设是正确无误的，它有这么一个规律——任何有碍于解析工作进行的都是一种抗阻。

除非我们考虑到精神的审查作用，否则就无法了解梦的遗忘。在很多梦例中，梦者自己总觉得梦到了好多事件，记住的却少得可怜，对此也许还具有别的意义。比如，整个夜晚梦的工作都在运作着，可是留下来的只是一个短小的梦。过的时间愈久，淡忘的就愈多，毫无疑问，不管怎样努力也无法把它们记起。但我认为，这种遗忘的程度不仅被高估了，而且也同样夸大了梦中的空隙对我们理解梦的限制程度。通常，我们可以通过分析的方法来补充那些被遗忘的梦的内容。在许多梦例中，我们至少可以通过某个残留的部分来推导出所有的梦念（当然这并不是原本的梦，但这并不重要）。要做到这一点，梦者在分析的过程里就要付出更多的注意力和自制力，仅此而已。这也表示出在梦的遗忘中，并不缺少敌视（即抗阻）的因素。

通过对遗忘的初步现象的探讨，我们可以确切地说，梦的遗忘是有偏向性的，并表现为一种抗阻的形式。往往在解析梦的时候，一些被遗忘了的部分又浮现在脑海里，对此我们常常这样说：“我刚想起来。”以这种方式呈现在梦中的那一部分一般是最重要的，它常常处在释梦的捷径上，也就面临着更多的抗阻。

从精神分析的经验中，我们又得到另一个证据：梦的遗忘的主要原因是出于对某事件的抗阻，而不是其他作者所说的由于睡眠与清醒这两个状态的互不相容性。我常有这样的经历（也许别的释梦者和那些正在接受治疗的患者也有这样的经历），在睡眠中被梦惊醒后，马上把所有的精力全部投入到解析梦的工作中去。在这种情况里我们有种如不能得到结果就不去睡觉的决心，可是在第二天早晨醒来时，还是把梦的内容以及有关的解析全部忘掉了，尽管我们此时仍能记得我们确实做过那梦而且也解析过它。看来，理智并没有把梦留存在记忆里，反而使梦与解析的结果一起消失了。但这与某些权威人士所认为的有所不同，他们说梦的遗忘是由于分析工作与清醒状态里的思想之间存在着一道精神鸿沟。

在我准备这些书稿的时候，我发现梦的遗忘与别的精神活动的遗忘并没什么区别，而且它们的记忆能力也和其他的精神功能类似。我曾经对自己所做的很多梦作了记录，有些梦在当时无法作出彻底的解析，还有些则根本没有解析。为了得到更多的证据来证实我的观点，我又把那些一两年前所做的梦重新解析，结果获得了成功。我确实可以这样说，这些梦经过这么久的间隔后，反而比新近做的梦还要容易解析。这其中的原因很可能是由于在这段时间里，我克服了一些内在的抗阻。分析这些梦时，我常常把现在的梦念与过去的梦加以比较，结果发现还是现在的梦念会多一些，并且在新的梦念里总包含着那些旧的梦念。起初我对此感到非常意外，但很快又不再惊奇了。我意识到自己始终有这么一个习惯，就是要求病人讲述他们过去的那些旧梦，并且也把它们看成是昨夜刚做的梦来加以解析——相同的步骤，同样得到了成功。

对自己的梦进行解析，这并不是一件简单的事。就算那种抵制某种感觉的精神动机并不存在，我们对这种内在的现象以及别的一些我们在平日里并不留意的感觉也都需要进行不断地学习。要了解那些“非自主观念”则更加困难。如果某个人想这样做，就必须对本书中提到的所有事实都了如指掌，而且以这些规律分析梦的时候，还要摈弃所有先入为主的观念、批评，或是情感上以及理智上的各种成见。他还要牢记着贝尔纳[①]对实验工作者的劝勉：“Travailler comme une bête”，即他必须具有野兽那样的忍耐力去全心全意地工作，不计较得失成败。如果按照这些忠告去工作，这件事就不再困难了。

梦的解析往往不会一蹴而就。在我们依照着这些程序进行了一系列相关的分析后，往往会觉得自己筋疲力尽，认为对这个梦继续解析下去也不会有什么结果。在这种情况下，最好的办法就是先把它放一放，日后再继续解析工作。这样，梦里的另一部分内容也许就会引起我们的注意，由此可以获得另一层次的梦念。我们把这种解析梦的方法叫做“分步解析”。

对于一个初学者来说，要使他们明白下面这一点确实很难：即使对一个梦作出一个合情合理的解析，没有遗漏掉梦内容里的任何一部分，解析工作也并未就此完结。在同一个梦里，也许还会有没有引起注意的别的解析，即“多重解析”。我们很难有这样的认识：处于活动状态的无数个潜意识思想都在迫切地寻找着得以表现的机会。同样，我们也很难意识到，梦的工作经常会有一些可以同时包含着几种意义的表达方式，就像某个童话里的小裁缝可以一下打死七只苍蝇一样。我在解析的过程里常常会添加一些并不必要的技巧，读者们对此

---

① 法国生理学家。

或许会不满。但他们要是拥有了解析梦的实践经验后，就可以了解得比我讲得更多。

从分析中我发现，梦的工作必须要面临把一些极为抽象的观念转变成梦这样一个难题，而且这些观念是无法被直观地表达出来的。为了解决这个难题，梦工作必须掌握另一组与这些抽象观念并无多大关联、但易于表达的理智资料（通常视为暗喻形式的）。通过这种方式形成的梦，说出它的抽象意义对梦者来说并不难，要正确地解释那些穿插其中的材料，就必须运用我们已经熟知的技巧。

任何一个梦，我们都可以作出解析吗？对这个问题的回答是否定的。要知道，在解析梦的时候我们不得不与那些扭曲梦的精神力量作斗争。这就要看我们是否有足够的理智兴趣、自制能力、心理知识以及释梦经验来对付这种内心的抗阻。一般情况下，释梦都能得到一些进展，使我们深信梦是具有某种意义的，由此可以窥视到它的意义所在。一些连续的梦能够证明我们对梦的假设。在认真地观察了两个连续的梦之后，我们往往会发现A梦的核心在B梦里并不重要，反之也同样。因此它们的解析也是互补的。对同一晚所做的很多梦来说，我们都应当把它们视为一个整体，这一点我在前面的很多的梦例中已作了说明。

即使是分析得最为彻底的梦，其中也必有某一部分是异常含糊的。这是由于在释梦的过程里，我们发现这一部分正是那些难以理解又相互缠结的梦念，而且通过它们也不会使我们对梦内容的了解有所增加。这就是梦的关键之处，它从此点延伸至我们未知的境界。我们经过释梦而得来的梦念并没有确切的根由，它们在我们繁杂的思想世界里延伸向各个方向。但梦的愿望正是从某些极其相近的缠结部分里产生出来的，就像蘑菇从菌丝体里生长出来的情形一样。

我们可以肯定，清醒状态里的思想意识有种偏向，就是要把夜间所做的梦统统忘掉——要么是在我们醒来后把整个梦全部遗忘掉，要么就是在日间慢慢地一点一点淡忘。我们也知道精神的抗阻是导致遗忘的主要因素，在夜间它已经全力发挥了作用。现在又有这样一个问题，如果这些都属实，那么在这种抗阻的压力之下梦又是怎么形成的呢？让我们列举一个极端的例子来解释这个问题，也就是在清醒的那一刻把梦的所有内容全部忘掉，就好像从未做过梦似的。在这种情况下，我们可以这样推理：假如夜间的抗阻与日间的同样强烈，梦就不会形成了。由此得到的结论是，夜间抗阻的强度较为弱小，但它确实存在，它仍然是梦形成的过程里使梦发生扭曲的因素。因此我们才会假设它的强度会在夜间减弱，从而不影响梦的形成。现在，我们不难了解到，当抗阻在恢复其强度的时候，如何把它在弱小状态下所允许的事实全部勾销。“描述心理学”说，梦的形成过程中唯一的一个规则是：心理要必须处于睡眠状态。综上所述，我们可以找到这个问题的答案，即睡眠状态下减弱了精神的审查作用，促使了梦的形成。

毫无疑问，我们想把这点当成由梦的遗忘推导出来的唯一结论，在这个基础上，可以更加深入地研究睡眠和清醒状态下这些抗阻的强弱到底相差多少。如果我们对梦的心理学的认识再深入一些，我们就将对梦的形成这一问题有不同的观点。那试图防止梦念进入意识的抗阻也许会藏匿起来，但它的力量依然存在。也许它们都能够促进梦的形成，而且在睡眠状态下也能发挥作用。在这里我们需要暂停一下，稍后再接着讨论这个问题。

现在，我们先考虑一下那些反对我释梦程序的一些观点。我们的释梦程序是：把那些平时指引我们的有意义的思想抛弃掉，把注意力集中于梦的某一元素上，把那些不经意想到的思想和与这一元素有关的观念记下来，之后再用同样的方法进行另一部分内容的解析。不管思想延伸至何处，我们都要让它自由发挥，随意的从某一题材转移到另一题材。但我们要有信心，相信我们可以发掘出那个使梦形成的梦念。

我们的反对者们提出的意见是，梦中的某一元素确实可以让我们得到些结论，这是毫无疑问的。任何一个元素都与某些事物相互关联。但令人诧异的是这些毫无目标的、随意的思想联想怎会推导出梦念呢？这是在自欺欺人吧！我们顺着某一元素浮想联翩，突然由于某种原因使我们的联想被打断了，然后再顺着第二个元素展开联想……这只能导致我们的联想受到制约而变得越来越窄。因为我们的脑海里仍然存在着原有的联想。在分析第二个梦念的时候，我们就很容易把它与第一次联想相互混淆，之后再来欺骗自己说："我发现一个连接梦中两个不同元素的思想啦！"我们随意地将各种思想联系在一起(那种从某一思想转移到另一思想的正常情况除外)，结果必定会发现很多"中间思想"并被我们称为梦念。这是不能保证的，我们不知道它们是否正确，因为我们并不知道梦念究竟是什么东西，只能认为它们是梦的精神代替物。但所有一切都是随意编造出来的，无非是一种随机的组合罢了。如果这样的话，谁都可以为梦编造出各式各样的解释，只要他愿意为此花费时间和精力。

对于上面的反对观点，我们可以这样解释，我们描述的梦的解析会给人留下深刻的印象。我们追随梦的某一元素时忽然发现它与其他元素相互关联，这种情况的出现，除非原先就有精神上的某些联系，否则是不可能从梦里推导出如此众多的思想的。另外，我们也可以指出：这种梦的解析方法与解除癔症病症的方法是完全相同的，我们可以利用病症的发作与消失之间的一致性来验证这个方法的正确性。尽管我们可以用“注释”的方法来证明书中所提到的解释，但也不能回避这个问题——我们让思想毫无目标的、随意的飘浮，怎样能够到达一个原本存在的目标。我们根本不需要回答这个问题，因为它根本不能成立。

在释梦时，我曾提出要摈弃所有的偏见，并让一种自由的思想任意地浮现。这并不是说我们要尾随着那些毫无目的的思想和意识。我们能够摈弃的观念正是那些已知的并且具有某种意义的观念。一旦我们可以顺利地完成这个摈弃工作，那些未知的思想——或许更确切地说是潜意识——就会操控全局，并由此决定了那些非自主意识的出现。任何一种影响力都不能促使我们的精神力量去进行毫无意义的思考，甚至连处于精神混乱状态下也是如此。

但令人遗憾的是，精神科的医生们过于轻易地失去了他们对精神过程的信心。我清楚地知道，在癔症和妄想症的病例中，毫无目标的联想就和梦的形成一样，是无法形成的。或许这种毫无目标的联想在内源性的精神疾病中根本不可能出现。我们对此不了解的原因就是，我们无法逾越它们之间的巨大鸿沟。在观察这些精神病症的时候我注意到，谵妄的形成是由于审查制度对它的运作不再进行掩盖，即它们并不制造那些被认同的新思想，而把那些不被认同的思想全部删除，而剩余下来的思想就只是一些支离破碎的零散片段。审查制度的这种行为就像苏联边境的报刊检验官一样，他们把国外杂志上的很多内容涂黑后，才能发送到那些被他们保护的人民手中。

或许在器质性的脑部疾病中，思想可以借助某些偶然的联系而随意发挥，但我们却能通过那些受到审查制度制约而显露出来的思想串列（它们的意义被掩饰起来）来说明神经病症里所谓的自由发挥。如果某些表面的关联被认为是自由联想（不受意志的任何作用）的正确无误的象征，这些表面的关联则是通过谐音、含糊的字义以及暂且与字词无关的巧合，或者是开玩笑时考虑用词时的联系来建立关系的。这些特殊的关联正好可以出现在那些从梦元素通向中间思想的思想串列之中。同样，它们也出现在中间思想通向梦念自身之中。我们可以从很多梦例中发现上述的现象，这一点让我们异常惊奇。这些特殊的关联是两个思想之间的纽带，它们不会过分松懈，也不会毫无用处。从表面看来很荒唐的联系终于被人们发现它就是正确的解释。不管什么时候，只要两个元素之间存在非常肤浅甚至是牵强的联系，它们之间必定存在着一个非常深刻并且正确的联系，而它也会受到审查制度的抗阻。

表象联系成为主流并不是因为它放弃了具有意义的思想，而是由于审查制度的制约。当审查制度把正常途径封锁之后，表象联系就成了替代品。我们可以打个比方：一个山区的主要道路被切断了，在没有修好之前，我们可以用那些崎岖不平的羊肠小道来与外界联络。

以下两种情况需要我们辨识，从本质上来说它们是相同的。第一种情况，两个思想之间的联系被审查制度破坏了，从而不再受到抗阻。随后这两个思想相继进入意识里，而两者间的真实联系却被隐匿了，取而代之的是我们永远无法想到的表象联系。这种联系并不依附那些受到抑制的重要联系，而是依附于某些复杂的观念。第二种情况，两个思想都受到审查制度的制约，于是它们都把原本的形式隐藏起来，以一种替代的方式出现。但在选择替代品的时候，它们之间的表象联系仍然是这两个思想的相互间的主要关联。在两种情况下，审查制度都把那些正常的严谨的联系转变成荒诞的表象的联系。

在梦的解析中我们经常运用到以下两个命题。当有意识有目的的观念被摈弃之后，潜意识中的某个有目的的观念将掌握当时的全部思想。另外，那些表象的联系无非是那些隐藏的并且被抑制的关联的替代产品。这两个命题确实是精神分析的基础。在我让病人消除顾虑，他们把联想到事情告诉我的时候，我坚信他并不能舍弃那些有目的的观念。尽管他提及的事情似乎是单纯的随意的，但它们却与他的疾病有着密切的关系。我的另一个病人深信不疑的有目的的观念正是我本人。对这两个命题的重要性的验证和理解完全属于精神分析治疗的范畴。此时，我们必须先把梦的解析这一话题暂时放在一边。

从前面的反对观点里，我们可以获得一个正确的结论——我们没有必要把梦的解析中产生的每一个联想都归因为夜间的梦工作。事实上，在清醒状态下进行分析时，我们是从梦的元素追溯到梦念，这与梦的工作是完全相反的。这两种相反的线路也许是互通的。我们在日间所作的分析就像是沿着河流驾驶木船，时而遇到中间思想，时而遇到某些梦念。在这种情况下，日间的某些材料也会进入我们的分析，但夜间不断增强的抗阻使我们不得不开辟新的路线。我们在日间分析时所发现的分支的数量并不重要，重要的是它可以指引我们发现那个我们正在努力寻找的梦念。

第二节 退后现象

我们把新近的发现作一个总结：梦与其他精神活动一样，也是一种重要的精神活动；它的动机往往是一个想要获得满足的愿望；而它们不被认为是一种愿望的原因及其具有的很多特点以及荒谬性，都是缘于在梦的形成过程里受到精神审查作用的影响。除了逃避审查作用以外，下列的因素在梦的形成中也会起到一定的作用。首先，要对精神材料进行凝缩；其次，要用影像来表现；再次，要有一个合乎情理并可以理解的外表（尽管不一定是真实的）。上面的每一点都会产生出一些心理假设和预想。所以，我们必须探讨梦中愿望的动机与梦形成中的四个因素存在什么样的联系，并考虑这些因素之间的相互关系。另外，还要挖掘出梦在精神生活中所处的地位。

我们该如何对这些梦的工作特征作出解释呢？更具体一些，我们该怎样在精神程序中确立它的地位呢？

保存在记忆里的东西要比感官系统的感觉内涵多得多。在记忆里，感觉是相互关联的，特别是同时有两个感觉一起发生时。我们把这一现象称为“关联”。如果感觉系统根本没有记忆，那么关联的痕迹也就不可能存在，这一点是非常明显的。如果先前的某个关联会引发新的感觉，感觉元素在运作时就必定会受到阻碍。由此，我们假设，在记忆系统里一定存在着相互关联的某种基础。这种关联就是当抗阻减弱以及开通了便利的捷径后，激动会比较容易地从某个记忆元素传到另一记忆元素。

在经过认真的考虑之后，我们发现这种记忆元素并不是单一的，而是有很多的。这样，从感觉元素传导出来的同一个激动就会留下很多不同的永久性痕迹。首要的记忆系统自然会把同一时间所发生的关联记下来。而同一个感觉材料，在其后的记忆系统中，根据其他的巧合而得到安置，比如表示为“相似”的关系等等。当然，想要用文字表达出这种系统的精神意义，无疑是浪费时间。那些不同的记忆材料与它的关系决定了它的特征。也就是说，（如果我们要提出一个更加透彻的理论）要由传导这些元素时所携带着的激动供给的不同程度的抗阻来决定。

在这里，我添加一个带有一般性的评论。由于有些感觉系统没有留存的能力，因此就不会有记忆来为我们的意识提供繁多的感觉性质。另外，我们的记忆——包括那些在我们的脑海中留下很深烙印的东西——都属于潜意识。它们可以上升到意识中，但在潜意识里也必定能发挥作用。我们所谓的“性格”是有赖于我们记忆的印象痕迹，而且对我们影响重大的那些印象——早期印象——却几乎不可能变成意识的。假如它们能够被转变成有意识的，其感觉性质也不会像感觉那么强烈。我再提出一个理论：在系统中，记忆和意识的特点是互斥的。如果这个理论可以得到证实，就很有可能了解心理症激动的起因。

通过实验我们发现，意识的通途在日间往往由于审查作用的抗阻而被截断了，只有在夜间它们才会进入意识里。它们是怎么进入的，要经过怎样的变化呢？如果是因为夜间的潜意识和前意识之间的抗阻有所减弱，梦念才得以进入，那么我们所做的梦就应该具有概念式的性质，而不是幻觉式的性质。

幻觉式的梦又是怎样形成的呢？我们只能这样理解，其激动的传播方向是反方向的——它不是导向运动端的，而是导向感觉端的，最后进入了知觉系统。如果称清醒状态里潜意识的精神过程为“前行的”，那么梦中的则可以称之为“退后的①”。

---

① 最早提出“退后现象”的是13世纪的一位学者艾博特斯·马格纽（Abertus Magnus）。他说：“想象通过存储的感觉印象构造了梦，并且梦形成的步骤正好与清醒时的相反。”霍布斯（Hobbes）在《利维坦》里也说过：“总之，我们的梦与清醒时的想象是正好相反的。当在清醒的时候，我们的运动从一端开始，但做梦时却起始于另一端。”

这种退后现象无疑是梦进行过程中的一个心理特征。但要知道，它不仅仅在梦里发生。回忆与正常思维的过程同样也需要这种精神机构的退后作用——从某些复杂的观念返回到构成它们的记忆痕迹的材料上。在清醒状态里，这种退后现象不会超过记忆影像，也不会使知觉影像以幻觉的方式重现出来。可在梦中为什么就不是这样呢？前面提到梦的凝缩作用时，我们必须假设附着在某一个观念上的强度可以通过梦的工作而移植到另一观念上。也许正是这种正常的精神过程的转变，使感觉系统的传导方向发生逆转。这过程起始于思想，直到获得高度鲜明的感觉。

究竟是什么转变使这种不可能在白天产生的退后现象得以实现呢？对于这一点，我们只有满足于某些假设了。这一时间的各个系统在能量上必然有所改变，所以更加容易（或更不容易）激动。精神机构里有很多方法都可以使同样的激动通道发生改变。首先，当然是睡眠状态使感觉端产生了能量变化。在日间，一条持续的激动流会从感觉系统流向运动端；在夜间，这条激动流停息下来，也就不可能阻碍激动的逆向传导。某些学者认为，与外界隔绝可以用来解释梦的心理特征。但在对梦的退后现象作出解释的时候，我们不得不考虑其他病态在清醒状态下的退后现象。在这种情况里，刚才的解释毫无用处，因为就算是那激动流从未间断，退后现象仍然可以产生。对癔症、妄想症的幻觉以及正常人们的幻想，我都认为它们是“退后现象”，即思想转变为影像。能够导致这种转变的思想，与那些被抑制的或是处于潜意识里的记忆有着紧密的联系。

如果我们还没有忘记前面所说的儿时经历及其所形成的幻想在梦念里占有很大的一部分，同时这些经历的碎片又会经常地出现在梦中，另外许多梦例中的愿望也都起源于它们；那么我们就会承认，梦里的思想之所以会转变成为视觉的影像，可能就是由于这些视觉记忆希望再次复活。于是它们对那些被意识摈弃的思想施加压力，迫切地寻找着一种儿时景物的替代品，以转移到新近的经历里并且被改头换面。儿时的景物是不能自行恢复的，所以只有变成梦来达到满足了。

现在让我们把梦的此种特征加以归结总括，即梦可以将本身的观念内容转变成某种感觉意向。我们并没有解释梦的这种特征，也没有把这一特征延伸至任何已知的心理学规律中。但我们还是把它摘选出来，用来说明一种我们并不了解的含义，而且用“退后”来形容它，表明它所具有的特征。我们认为：只要出现了这种退后现象，它也许就是某种逆反思想以正常的方式到达意识的反抗作用；同时它也是那些拥有生动感觉的记忆对思想形成吸引的结果①。日间从感觉中得到的数不清的经验流在梦中会处于停止状态，这也许会推动退后现象的产生。在其他情况下，由于缺少这种辅助的因素，于是“退后”只能依靠其他的更加强大的动机来实现。需要了解的是，梦里和病态下的退后现象，其能量转换过程必定与发生在正常的心理活动的退后现象有所不同。因为在做梦的时候，心理可能会使知觉系统形成一种幻觉式的精神倾注。在分析梦的时候，我们所说的“表现力”很可能与梦念引发的视觉形象而产生的选择性吸引相联系。

最后，退后现象在心理病症状的形成理论中的重要作用并不亚于它在梦中的作用。我们能够辨识出三种退后现象：第一，区域性退后现象，我们在系统中已讨论过它；第二，时间性退后现象，相对于退

① 任何一种有关讲述抑制的理论都必须说明，思想受到抑制其实是两个因素的共同作用的结果。它被意识的审查制度推动，同时也被潜意识拉拽。

后到古老的精神结构而言；第三，形式的退后现象，是指以原始的表达与表现方式替换了经常使用的方法。总的说来，这三种退后现象只是一种，并且在大多数情况下是同时产生的。因为那些时间上比较古老的，也就是比较原始的，在精神区域学角度上来说就更加靠近感觉端。

在结束梦的退后现象这一话题时，我们必须提及一个经常困扰我们的观念。在深入研究心理病时，它仍会以不同的强度再次出现。总而言之，梦是梦者退后到早期状况的典型例子，也是梦者儿时占主导地位的冲动及其表达形式的重现。在儿时的背后，我们可以发现种族进化的童年——一幅人类进化的图画，而个人的发展无非是生命在偶然机会中的一个短暂而简单的重复。尼采的话不无道理，梦中“残留着某种原始人性，但我们再也无法直达那里了”。我们希望可以通过梦的解析来了解人类的古老传承以及人类的精神天赋。或许梦与心理病症所保存着的精神遗物会比我们想象的多。在那些关注人类起源的最早和最为黯淡的时期的重建的种种科学中，精神分析学的价值是最为重大的。

第三节　愿望的实现

如果有人把梦说成是单纯的愿望实现，我们想必都会感到惊奇。这并不仅仅是由于它与焦虑梦之间存有矛盾。前文的分析表明了梦背后隐藏的隐意和精神价值，我们并没有意料到这些意义竟是这样统一(单元性的)。亚里士多德曾有一个简单而正确的定义，梦是一种延伸至睡眠状态里的思想。白天，我们的思想过程既然会产生出各种各样的精神活动，比如说判断、推理、否定、希望、意念等等，那在夜间又怎会把自己单独禁锢在愿望的形成里呢？相反，很多梦不是都表现出其他的精神活动吗？

我们在前面已经根据愿望的实现把梦归为两类。第一种是非常明显的愿望的实现；而另一种愿望的实现不但不易察觉，而且还要用尽可能的手段加以掩饰。对后者，我们知道那是受审查作用的影响而产生的。而那些愿望没有被改装的梦则大多发生在小孩身上。成年人也会梦到这种简短的而明显是愿望实现的梦。

接下来我们就要面对这样一个问题，梦里的愿望究竟源于何处？与此同时，我们是否可以想到某些其他的可能性，或者是完全相反的事实呢？我认为日间的意识活动与那些只有在夜间才会被我们注意到的潜意识精神活动存在着明显的对比。这种愿望可能有三种起源：第一，它也许在日间就被激发起来，但由于外界的因素无法得到满足，于是就把某个被认可却没有被满足的愿望留在了夜间；第二，它也许起源于日间，但受到拒斥，于是把某个未被满足的并且被抑制的愿望留在夜间；第三，它也许与日间毫无干系，它仅仅是一些受到抑制的、只能在夜间才可以活动的愿望。对于这些愿望的缘由，需要作一下解释：第一种愿望是源于前意识；第二种则是从意识里被驱赶到潜意识的愿望；第三种的愿望冲动则根本无法冲破潜意识系统。由此又产生出以下的问题：这些来源不同的愿望对梦来说是否具有相同的重要性；在梦的形成中，它们的强度是否相同呢？

如果我们对所有已知的梦进行搜索，就可以马上添加第四种来源的愿望，那就是夜间随时都可能产生的愿望冲动，比如说口渴或性欲等。我们认为梦中愿望的来源并不影响其促使梦形成的能力。在解析无数个梦例后，我们发现梦如果经过了改装，它的愿望就起源于潜意识，无法在日间察觉。从表面上看，所有愿望的价值和强度都是相同的。

事实却恰恰相反。尽管我此时无法找到任何证据，但我坚信这个假定，即对梦愿望的选择是非常严密的。毫无疑问，我们可以由小孩的梦来证实那些在日间未得到满足的愿望能够催促梦的产生，我们也别忘了这只是小孩的愿望，是小孩所特有的愿望冲动力量。成人的日间未满足的愿望也足以使梦产生。我宁愿这样以为：这种对于小孩来说非常自然的强烈的愿望，在我们懂得了用理智来控制自己的本能冲动之后，更加无法留存或者制造它了。当然，这得因人而异。有些人能把这种儿童式的精神程序留存得更为长久一些，就像那些正在逐渐减弱（原本是非常清晰）的童年视觉想象力一样。但一般说来，我认为某个日间未被满足的愿望在成人身上是不能形成梦的。原因很简单，起源于意识层次的愿望的确有助于梦的形成，但其作用仅此而已。前意识的愿望如得不到其他的援助，梦是无法形成的。

这些援助其实都源自于潜意识。我深信：某个意识的愿望只有在获得潜意识里类似愿望的增援后，才能成功地形成梦。通过对心理病患者的精神分析，我认为这些潜意识里的愿望永远都处于活动状态。只要一有机会，它们就会与意识里的愿望结盟，并把自己比较强烈的力量转移给较弱的后者。从表面上看，是意识的愿望单独形成了梦，但由梦所产生的一些并不引人注意的特点却能够发现潜意识的痕迹。这些永远活动并永远存在着的潜意识愿望让我记起希腊神话里的泰坦族人——也不知经过了多少年代，这些被战胜的诸神用庞大的山岳压着的泰坦族人，每当他们的四肢抽搐的时候，仍然会使大地为之摇撼。对心理病的心理研究表明，我们所知道的这些受到抑制的梦皆源于儿童时期。我用这样一个结论来代替刚才所说的那个结论：梦中表现出的愿望必定是儿童时期的。在成人身上，它源于潜意识；但小孩，因为前意识与潜意识之间并没有分界，并没有形成审查作用，或只是逐渐地产生了分化，仍是模糊不清的。所以，其愿望就是那些在清醒时未得到满足的并且未受到抑制的愿望。这个结论并不是绝对正确的，但在很多情况下却属实，即使在某些我们深信不疑的梦例里。因此，把它作为一般性的推理未尝不可。

综上所述，我认为在梦形成时，清醒状态里的愿望冲动居于次要的地位。它们除了增加梦的内容之外（提供一些真实的感觉材料），我不清楚它们还会有什么作用。下面我想用同样的方法来探讨一下那些日间遗留下的并不属于愿望的精神刺激。在入睡之后，我们也许会将清醒状态里思想的潜能暂时停止。能做得到这一点的人都是嗜睡者，拿破仑就是一个范例。但我们并不能经常做到或是不能完全做到这一点。一些令我们烦恼的事、过于强烈的印象，甚至在睡眠时仍会持续着思想的活动，并控制前意识系统的精神活动。如果我们对这些在睡眠中持续着的思想冲动加以分类，会有以下几种：

1. 一些由于偶然的因素使我们在日间无法获得结论的。

2. 由于我们智慧的缺乏而不能得到妥当处理的。

3. 在日间被排斥以及受到抑制的。

4. 由于日间前意识的运作而使潜意识里的愿望被激活，从而使其更加强烈的。

5. 日间发生的并不重要的琐事，由于其无关紧要性而未被解决的。

至于那些在日间遗留下来的并且进入梦中的精神强度的重要性，尤其是那些日间未被解决的问题，我们也不能低估。我们可以肯定，这些激动在夜间仍然为得到表现而继续活动；我们也可以自信地假设，在睡眠时前意识的激动不会通过正常的方式进入到意识里。在夜晚，思想如果能以正常的方式进入到意识里，我们肯定还没有入睡。我不清楚睡眠究竟会给前意识带来怎样的变化①。很显然，这个特殊的系统在睡眠状态中，其能量的变化必定造成睡眠的心理特征。该系统控制着运作能力，只是在睡眠时它才处于瘫痪状态。另外，除了潜意识的继发性发生了变化之外，在梦的心理中没有任何由睡眠所引起的变化。所以，在睡眠中，除了源于潜意识的愿望激动外，没有任何理由能够使前意识得到激动。前意识的激动必须从潜意识里得到加强，同时也必须与潜意识一起通过迂回的途径。前一天的前意识遗留物会对梦产生怎样的影响呢？很明显，它们必然不断地探寻进入梦中的途径。即使在夜间，它们也想要利用梦的内容进入到意识中去。有时它们确实把握了全部的梦内容，并且强迫它继续进行日间未完成的活动。日间的遗留物，除了愿望之外，当然还会具有其他性质。需要探究的是，它们究竟要满足什么条件才能出现在梦中。这一点非常重要，它很有可能对“梦是愿望的实现”这个结论有着决定性的意义。

假如梦念的材料正好与愿望的实现完全相反，比如一些适当的担忧、痛苦的反省以及困惑的现实。在这种情况下，梦又是怎样的呢？可能出现的结果有两类：第一，梦的工作完全以这些相反的意念替代了所有痛苦的观念，于是抑制了它们痛苦的情感，最后形成了一个简

① 我曾尝试过更深入地了解睡眠时所活跃的事物和幻觉产生的条件。有关的记载见我的论文“有关梦的理论的后设心理学补充说明”。

单明了、令人满意的梦——一个看似愿望实现的梦。对此我就不再赘述。第二，痛苦的经历可能会进入梦的显意里，尽管经过了改装，但多少还是可以看出来。正是这种类型的梦使梦是愿望的实现这一结论受到了质疑，所以我们还要对此进行继续研究。在这种梦里，我们的反应也许是无所谓的，也许是被其观念所涵盖的全部痛苦感情，甚至也会发展到焦虑或惊醒。

但从分析的结果来看，这些令人不愉快的梦与其他的梦一样，都是愿望的实现。这些被抑制的愿望被表现之后所产生的极大的满足，很可能会中和那些日间遗留物所附着的痛苦。在这种情况里，梦者会有无所谓的感觉，尽管愿望与恐慌同时都得到了满足。或许睡眠时的自我会在梦的形成中具有更大的作用。我们会对那些实现了的被抑制的愿望表示出强烈的愤恨，会在焦虑的感觉中醒过来。因此，我们不难发现，痛苦的梦与焦虑梦一样都是愿望的实现。这与我们的结论是相符的，而且它们与那些明显是愿望的实现的梦相似，并没什么区别。

也许，痛苦的梦是一种惩罚的梦。我们不得不承认，由于对这种梦的认识，梦的理论得到了新的认知。在这些梦里得到满足的愿望同样也是潜意识的，即这个愿望要对梦者作出惩罚，原因是他拥有一个被禁忌的冲动。迄今为止，这种梦还能使下面的条件得到满足：形成梦的动力必须由潜意识里的某个愿望来供给。经过认真的心理分析，我们发现它与其他愿望的梦不同。在第二种梦里，所形成的愿望是受到抑制的潜意识的愿望。这种惩罚的梦，尽管也是潜意识的，但并未受到抑制，它是属于“自我”的。所以，惩罚的梦所表现出的自我，在梦的形成中占据了很大的成分。如果我们用“自我”和“抑制”

来替代“意识”和“潜意识”，梦的形成机制也许就更加明朗了。但在这样说之前，我们必须了解精神惩罚的梦并非总是源于那些日间所发生的痛苦经历。恰恰相反，在梦者感觉到非常自在的时候它才最容易发生——日间的遗留物带有某些令人满意的思想，但这种满意是被抑制的。这些思想在梦的显意里不能被发觉，其对立面除外。这样这就与上述的第一类梦相同了。由此看来，惩罚的梦所具备的特征是：形成梦的愿望并不源于受到抑制的材料（尽管是潜意识的），而是一种由于抑制而引发的自我惩罚的愿望，同时也是潜意识的愿望。

截至现在，我们始终都在探讨梦的愿望。我们已探讨了愿望的潜意识来源，对其与日间遗留物之间的关系也作了分析。这些日间遗留物也许就是某种愿望，一种精神冲动或者根本就是新近形成的一些印象。在这种情况下，我们可以对清醒状态下的各种思想在梦的形成中发挥的重要作用进行解释；甚至可以把这种思想串列作为基础，来解释这样一种极端的例子。梦追随着日间的活动，并且能够使现实生活里尚未解决的问题得到满意的结果。但我们需要的正是这样一种梦例——分析它所包含的受抑制的愿望。凭借着这些愿望的能量梦十分圆满地使前意识活动获得了成功。但这所有的一切并不能让我们对下面这个问题更加了解，即在睡眠状态下，潜意识为什么只是愿望实现的动力，而不能提供别的东西呢？这个问题的答案有助于我们深入地了解愿望的精神性质。

显然，潜意识的愿望冲动也试图在日间发挥其作用。移植作用的存在（精神病症也是如此）清楚地表示出，它们都尝试着在前意识通向意识的途径上开辟它们自己的路，并拥有控制行动的能力。介于潜意识与前意识之间的审查作用（它是梦迫使我们假设出来的），就成为我们心理健康的守护神，并且应该得到我们的承认和尊重。但我们可否这样认为：这个守护神在夜间的松懈是一种失职的行为，因为这使得潜意识里的抑制冲动得到了显露，再度产生了幻觉式的退后现象？我认为这种观点不正确，因为守护神休息的时候——可以证明这种睡眠并不深——也同时把行为力量的门户紧闭起来。不论那些正常状态里的受到抑制的潜意识冲动在舞台上是怎样趾高气扬，我们都用不着担心，因为它们是无害的。这也因为它们无论如何也不可能使那个能够改变外部世界的行为机制运行起来。睡眠为需要防范的要塞提供了安全保证，但这种防御力量要是病态减弱，或者潜意识激动的力量病态增强，同时前意识仍然充满了能量，行为力量便会病态增强并打开了行为力量的大门。在这种情形下，情况就不那么乐观了。此时的守护神往往无法抵抗，潜意识的激动压制了前意识，从而控制了我们的语言和行为。或者它们强行地造成了幻觉式的退后，依赖着知觉吸引所产生的精神能量分布来指引那本不属于它们的精神机制。我们把这种精神状态称为“神经症”。

第四节 从梦里惊醒——梦的功能——焦虑梦

做梦的情况就是如此。它也许是前一天在清醒状态里的遗留物，其所包含的能量尚未消失；也许是清醒状态下全部的活动激活了潜意识里的某个愿望；也许是这两种情况偶然的结合（我们对各种可能的情况均作过探讨）。潜意识里的愿望与日间的遗留物联系起来，产生了移植作用——这在日间也许就已经产生，也许在睡眠时才能够形成。此时所形成的愿望会移植到新近的材料上，或者是受到抑制的某个新近的愿望在潜意识的加强下再度复活。随后，这个愿望经由思想过程所必须经过的正常途径，通过前意识（它的一部分的确属于前意识）奋力冲向潜意识。但它还是遇到了那个未曾松懈的审查作用，因受到它影响。此时的这个愿望由于置换到新近材料上的移植作用发生了扭曲。它正在向成为一些诸如强迫思想、妄想或其他相似的东西（被移植作用所增强的思想）而转变，并由于审查作用的存在而使其在表达方式上也发生了扭曲。它要是继续下去，就会受到前意识的睡眠状态的影响。（前意识系统也许会通过减弱自身激动的方法来保护自己，并使自己不受到侵犯。）接着梦的进程就进入了退后的途径。由于睡眠状态的特殊性质，这一途径异常顺畅。在各种各样的记忆的影响和指导下，其步入了这一通途。某些记忆仅仅是以一些视觉的精神能量存在着的，还没有转变成续发系统里的文字符号。在这退后的过程里，梦的进程获得了表现力（在此章后面，我将提到“压缩问题”）。此时，梦在其弯曲复杂的道路上完成了第二部分。其中第一部分是前进的，从潜意识影像或是幻想指向前意识；第二部分则是由于审查作用而再次返回到知觉上来。但是，当梦的进程转变成知觉内容后，它就可以突破那些在前意识里由审查作用和睡眠状态所构筑的阻碍。它非常成功地把注意力移向了自己，同时也引起了意识的注意。

前意识系统必须要具备某些能够吸引意识的性质，而这些性质很可能就是从前意识过程与语言符号的记忆系统之间的联系而获得。所以，原本属于感官的意识就变为思想过程的感官的一部分了。由此形成两种感觉面：一种是相对于知觉而言，而另一种则属于前意识的思想过程。

我必须假设：由于睡眠状态的原因，指向前意识的意识感觉面比知觉系统的感觉面更不易受到激动。夜里，它对思想过程的厌倦也具有另一种意义，即前意识需要休息，所以思想也要停止。但是，当梦一旦变为知觉，它就能利用这种刚刚得到的性质来刺激意识。这种感觉刺激的主要功能在于促使前意识之中某一有效部分的能量去关注产生这些激动的原因。所以，要承认每一个梦都具有唤醒的作用——它使前意识里某些停止的能量发生了运动。在这种能量的作用下，梦就会受到被我们称为“再度纠正”作用的修饰——用以保持梦的连贯性和可解性。也就是说，这种能量对梦以及其他的知觉内容一视同仁。只要梦中的材料被允许，梦就能获得相同的预期性观念。这是梦的进程中的第三部分，它的方向性是前进的。

在梦转变为意识之前，我认为它并不一定是按照我所说的时间顺序来进行，即那转移的梦愿望是最先出现的，然后是审查作用的扭曲，接着是逆向的退后作用等。在作上述的描述时我不得不采用这种方法。但实际上有许多情况（途径）都是同时发生的：激动是无定向的，直到最后它聚集在某个最为合适的方向上。根据我个人的某些经验，我认为梦的工作在一天一夜的时间里是不能获得结果的，它所需要的时间比这还要多。如果这个观点正确，对“梦的形成”所表现出来的优异性，我们就不会感到惊讶。我的看法是，把梦作为知觉的事件进行了解的需求，在梦获得意识的注意之前，就已经发挥作用了。由此开始，梦形成的速度就更快了。从这一刻开始，与其他被感觉到的事件一样，梦也受到了相同的待遇。就像燃放烟花一样，准备的时间需要很久，但一瞬间就消散无踪了。

此时，梦的进程或者通过梦的工作而得到了足够的强度，从而影响着意识也唤醒了前意识（不管睡眠时间的长短，也不管睡眠程度的深浅）。或者它的强度并没有达到这种程度，它于是必须保持着一种戒备状态，直到醒来之前的那一刻。注意力会变得比较活跃从而与其会合。大多数梦者的精神强度都比较低下，因为它们都在等待睡醒的时刻。这可以解释下面的现象，即在从沉睡中惊醒时，我们常常会发觉梦到的一些东西与我们正常醒来的情形一样。我们首先会注意到梦的工作所构造出来的知觉内容，随后才会发现外界所提供给我们的知觉内容。

我对那些能使我们惊醒的梦却有着高度的理论兴趣。每当想到其他情况下梦所具有的意义时，我们也许会问这样一个问题——梦（潜意识的愿望）怎么会拥有干扰睡眠（即干扰前意识愿望的实现）的力量呢？毫无疑问，对这个问题的解释需要运用我们还不知晓的能量关系。假如我们拥有了这些知识，也许就会发现到让梦随心所欲或是赋予其或多或少的注意力实际是一种能量的节约，如果我们把它与日间的对潜意识严加控制相比较的话。从我的经验看，我们的睡眠即使在夜间被中断了好几次，梦和睡眠也不会相互矛盾。我们只是片刻的醒觉，紧接着又入睡了。就像我们在睡眠中驱赶一只苍蝇一样，这本身就是一种醒来的状态。如果我们再次入睡，这个中断就被消除了。因此，那种睡眠愿望的满足与保持某种强度的注意力不会相互矛盾。

前意识里的愿望永远都处于活动状态，这是一个无可争辩的事实。它们代表了那些经常被使用的途径，而且只要稍微有一些激动它们就激活。这种无法消灭的性质确实是潜意识过程的一个鲜明的特征。在潜意识里，没有任何具有终点的、过时的甚至是遗忘的事物。我们在研究精神病，尤其是癔症时，这一点尤为明显。使病症发作的潜意识的思想途径，其兴奋只要积累到足够的强度，就可以立即再次通过。比如30年前我们蒙受的一次耻辱，只要它可以接近潜意识的情绪，那30年前的经历就像新近发生的事件一样。不管何时只要回忆起来，我们就可以把它们再次激活。在激动的作用下，它就可以发作从而得到动态的释放。这一点正是心理治疗要研究的地方——它的工作就是使潜意识的程序可以被处理，最终去淡忘它。那些渐渐被遗忘的记忆和那些已经不新鲜生动的印象所拥有的弱小的情感，我们一向认为，是理所当然的。我们以为这是时间对记忆的根本作用，但事实上这是在努力工作时所带来的续发作用。这一工作属于前意识，精神治疗的工作就是把潜意识引入前意识的管辖范围内。

任何一个特殊的潜意识激动过程都有可能产生这样两种结果：要么不被理睬，在这种情况下它最终会突破某一点，并由此获得释放其激动和发生行为的机会；要么会受到前意识的影响，这样一来，它的激动并不会被消除，而是被前意识束缚起来。后者正是在做梦的过程中所发生的。源于前意识的潜能与转变为知觉的梦，会在中途会合（由意识里被激发的刺激所形成），束缚了梦的潜意识激动，于是梦就不能进行干扰活动了。如果梦者醒觉片刻的话，他就可以赶跑烦扰他睡眠的那只苍蝇。我们发现这是一个比较便利和经济的办法——让潜意识的愿望随心所欲地发挥，通过打开退后现象的通途使梦得以产生，然后利用前意识工作的少量能量来约束这个梦。这就不必在全部的睡眠里始终将潜意识愿望牢牢的束缚着。尽管梦的本身并不是一个有意义的过程，但其在精神力量的互相作用中获得了某些特殊的功能。我们来看看这些功能究竟是什么。梦使潜意识里那些未受束缚的激动受到了前意识的控制。在这一过程里，它释放了潜意识的激动，就像是一个安全阀门，利用清醒时间里极少的活动来维持着意识的睡眠状态。因此，它也是这些系统中的一部分，就像许多其他的精神构造一样。它造成了一种妥协，并且同时为两个系统服务，从而使两个系统相互适应和协调。

对我们来说，产生焦虑的精神过程也可以使某个愿望得到满足，而且并不互相矛盾。我们都知道可以这样解释：愿望属于一个潜意识系统，可它却受到前意识的抗阻和抑制。还有第二个更为重要的因素，它同样很容易被一般人忽略。毫无疑问，愿望的实现必定会带来某种愉悦，也产生了这样一个问题："究竟是谁产生了愉悦呢？"当然是那些有此愿望的人。可是据我所知，梦者与其愿望之间有着很特殊的关系——梦者会排斥并且审视这些愿望。简单地说，梦者本人并不喜欢它们。所以这些愿望的实现是不会产生愉悦的，而是痛苦的。从我的经验看，这种相反的情况是通过一种焦虑的形式出现的，但这一点是需要深入解释的。所以，我们可以把梦者与其愿望之间的关系看成两个完全独立的个体。一些重要的共同因素使它们联结在一起。即便在完全健康的心理中，前意识并不能彻底压制潜意识。我们可以利用这种压制来衡量我们精神的正常程度。心理病症状表明患者本身的这两个系统是彼此冲突的。而形成这些症状是一种妥协的产物，它使两个系统之间的冲突暂时停止。它一边让潜意识的激动发泄出来，也就是给它一个发泄口；另一边它使前意识在某种程度上控制着潜意识。

这里让我们作假设，情感对潜意识的压制是非常重要的。如果让潜意识自行其是，它就会产生出一个本该具有愉悦性质的情感，其受到抑制之后就变成痛苦的了。而压制的目的及结果就是要阻碍这种痛苦的发生，因为所产生的痛苦很可能起始于潜意识的某些概念性内容，于是压制也就扩充到这些概念性内容里了。源于前意识的能量一旦停息，潜意识的冲动就很可能存在着释放一种不快和焦虑情绪的危险。如果这个梦的进程没有被打断，这种危险就会转变成现实。而使这种现实得以产生的原因是：抑制必定早已发生了，那些被压制的愿望冲动也要非常强大。由此看来，这些决定性因素与梦的形成的心理构造之间并没有联系。如果我们这个话题中的夜间潜意识的释放与焦虑的产生之间没有联系，我就不会对“焦虑的梦”这个论题进行探讨，这样也可以避免很多的模糊不清的内容。

我在前面已一再宣称，有关焦虑梦的理论构成了神经症心理学的一部分。现在，我要列举一些焦虑梦的梦例来说明神经症焦虑具有性的因素。

我有充分的理由不使用精神症患者的梦例，这里所提到的梦例都是一些年轻人所做的梦。

几十年以来，我很少做过真正的焦虑梦，但依然记着我在七八岁时做的一个梦，经过 30 多年我才对这个梦进行了解析。这个梦很生动、鲜明。

梦里我看到了心爱的母亲，她看上去很安详。她被两三个长着鸟嘴的人抬到屋里的床上。

这时我醒了，又哭又喊，把父母都吵醒了。梦里的那些穿着奇特、身材高大而且长着鸟嘴的形象来源于菲利逊圣经[①]的一幅插图。我想象他们一定是古埃及坟墓中雕刻的长着鹰头的神灵。另外，我在分析后想起一个坏小孩菲利普，他是一位看门人的孩子。小时候，我

① 这是以希伯来文和德文写成的旧约犹太圣经。该书第四章里有许多插图，其中有几个神长着鸟头。

们总在房子前面的草坪上做游戏，并且从他那里，我第一次听到关于“性交”的粗话，而那些有教养的人却是用拉丁文“交媾”这个词。出现在梦里的那些长着鸟嘴的人就说明了这一点[1]。我一定是从那个精通世故的菲利普的眼神里知道那个词带有性的意思。梦中我母亲的神情却是我祖父在临死前所表现出来的样子。但是梦的“再度纠正”作用却使我的母亲变为生命垂危。我从这个梦中醒来后充满了焦虑感，直到父母被我吵醒后仍无法平静。我在当时看到母亲的脸孔后才安静下来，似乎我需要看到她还活着的保证。但是对这个梦的“续发性”的解释，在那焦虑感的作用下已经完成了。我的焦虑并不是因为我梦到母亲生命垂危，而是在前意识的纠正下我已经受到焦虑的影响。如果把抑制也加以考虑的话，焦虑可属于一种模糊但又清晰的性的意思，它在梦里的视觉情景中得到恰当的表现。

一个从一场重病中痊愈的27岁的男子向我报告了他的一个梦，这个梦在他11到13岁时曾反复做了很多次。当时他感到强烈的焦虑。

一个男人正拿着一把斧头追他，他想要逃走，但双脚就像瘫痪一样无法移动半步。

这是一个很常见的焦虑梦。表面上看，它与性没有任何关系。在分析时，梦者首先联想到他的叔叔曾给他讲的一个故事（这件事发生在第一次做这个梦之后），有一天晚上，他的叔叔在街上被一个可疑的人攻击。梦者从这个事件里推断，他在做梦时很可能听说了一些与此相似的事件。那把斧头使他想起，在一次劈柴时，他不小心砍伤了

---

① 德语的“vögeln”意指性交，但这个词是由“Vogel”（通常指鸟）演变而来。

手指。随后又马上联想到他的弟弟。他总是虐待他的弟弟，经常把他的弟弟打倒在地。给他印象最深的是，有一次他用鞋子踢破了弟弟的头，流了很多血，他的母亲说：“总有一天，你会把弟弟打死。”当正在回想这些暴力事件的时候，他突然想起发生在他 9 岁时的一件事，那天他的父母回来得很晚，当他们上床后他就听到喘气的声音以及一些其他的声音。他在猜想他们在床上的姿势。通过更深入的分析，可以发现他把自己和弟弟的关系等同了父母的这种关系。他把发生在父母身上的事理解成暴力和挣扎，同时也为自己的理解找到了证据——他多次在母亲的床上发现了血迹。

可以这样理解，小孩对成人的性交感到惊奇并导致焦虑。之所以会产生焦虑是因为他们不能理解这种性兴奋，并由于父母牵涉在内而受到抑制，因此使性兴奋转化成为焦虑。在年龄更小的时候，指向异性父母的性兴奋并未受到抑制，因此那时是可以自由地表达的。

经常出现在孩子身上的带有幻觉的惊醒，我认为也是出于同样的原因。这也是一种受到抑制的性冲动的问题，而且不被人们了解。如果对此进行研究很可能会发现这种冲动的发生具有一定的周期性，因为性欲可以由于意外的刺激或是自发的周期性而得到增强。

第五节 原本系统和续发系统——抑制

为了解释这个我们多次使用了的词——抑制，我们必须更加深入地探究我们的心理构架。

我们已经对关于原始精神机构的假设进行了讨论，它的行为动机是为了避免激动的大量积累，以及使自身尽可能地保持一种平和状态。这个原因使其创建的蓝图就像一个反射机制。而行为的力量——其本身就是一种使身体内部发生变化的方式，是由它控制的。随后我们谈论了“满足经验”所引发的精神后果。在这个问题上，我们又添加了第二种假设：激动积累（如何获得积累的效果暂且不提）所带来的感受是痛苦的，同时使精神机制为了重现这种满足经验而发挥了作用——减少激动，并形成愉悦的感觉。我们把精神机制中的这条主流——从痛苦通向愉悦——称之为愿望。可以肯定的是，只有愿望才能使这个机制运行起来，而且激动的线路是由愉悦与痛苦的感觉自行调节的。产生的第一个愿望或许是满足记忆的一种幻觉式的强化印象，这种幻觉只有在其能量彻底耗费干净的时候才停止，否则无法停息。这样就无法获得由于愿望的完成而产生的愉悦感觉。

所以，我们还需要提出第二种行为，或者把它叫做第二个系统行为。它使记忆的潜能不超出知觉的范围，并对精神力量加以约束，把那些源自需要的激动引向一条曲折的途径，最后利用某种自主的行动来控制外界，使个体能够真正地感受到那个引发满足的对象。这两个系统正是我们所说的在完全扩展机制里的前意识和潜意识的根源。

为了利用行为来适当地改变外在世界，我们不得不在记忆系统里积累大量的经验和很多的永久性联系。这些联系都是由各种“企图性观念”与这些记忆材料共同形成的。现在，我们可以把这个假设推进一下。第二系统的行为是在不断地摸索中进行，交替地释放和收回着潜能。它一方面需要对各种记忆材料进行随心所欲地支配；另一方面，如果它按照不同的思想途径释放出大量的潜能，就会使这些潜能毫无作用地随意浪费掉，降低了那些用来改变外界的力量。为了提高效率，我只能如此的假设，第二系统使它的大多数能量处于一种静止状态，把小部分的能量用于移植作用上。我对这些程序的机制还不是很了解，但如果哪个人想要真正地了解这个概念，在其意识里必须要有这样一种实体的类比，即对神经细胞激动时所伴随的行为作出想象。这里需要强调的是，第一系统的行为使激动的能量可以自由地释放，而第二系统则利用由此所形成的潜能又堵住了这个激动的释放口，同时把它转变成为静止的潜能，以此来增加能量。我假定第二系统对激动控制的方式不同于第一系统，当第二系统在其试探性思想活动里得到结论之后，它就会解除压制，并且释放了那些积累起来的激动并产生行为。

如果我们把抑制第二系统中的“潜能的解除”与“痛苦原则”（弗洛伊德在其以后的著作中称之为“快乐原则”）调节功能的关系进行比较，就可以获得一些有趣的结论。这里先让我们提出满足的天敌——客观存在的某种恐惧经验。现在我们来假设一下，某个源于痛苦的知觉刺激这个原始机制，由此形成了一种不协调的运行方式，最终某个运动把这机制与知觉分开，同时也就脱离了痛苦。如果这个知觉再次出现，该动作也会立刻出现（这也许是一种避难的动作），并且随着知觉的消失而消失。这时，任何一种幻觉或是其他方式的偏向都不能增强源于痛苦知觉的潜能。相反，如果某些激动的产生可以使那令人担忧的记忆影像再度显现，那么该原始机制就可以立刻对它进行删除。因为这种激动要是流入知觉，就会产生（更精确的说法是开始产生）痛苦。这种记忆上的回避只是对原先所逃避的知觉的一种重复。下面的事实则更有助于它的产生：回忆并不像知觉那样具有唤醒意识的力量，也不能从中获得新鲜的潜能。这种通过精神过程而获得轻松并且经常回避那些曾经形成的痛苦记忆的过程，为我们提供了一种精神抑制的原型和最初的典范。这是一个非常普通的事实，即鸵鸟政策。对那些令人痛苦的刺激的回避仍可以在成人的正常精神生活中表现出来。

痛苦原则表明第一系统不会使任何不快的事物进入其思想内容里。除了愿望，它什么也不能做。如果始终维持着这种状态，第二系统的思想行为也必将受到阻挠，因为它与各种经验记忆的交汇不受任何限制。由此就可能发生两种情况：第二系统也许完全不受痛苦原则的制约，可以继续进行下去而不受痛苦记忆的影响；它也许会以什么方法使痛苦的记忆无法释放出痛苦的感情。第一种情况的可能性极小，因为痛苦原则与第一系统中的一样非常明显地控制着第二系统的激动程序，故此我们不把它考虑在内。这样就余下了第二种可能情况，即第二系统在转移潜能的同时也使记忆激动得到了压制，其中自然也就包含了不快情感的产生（这可以与运动神经的传输相互比较）。我们可以从两个不同的起点，根据痛苦原则以及前文提到的潜能消耗最少原则，得到相同的结论——第二系统的潜能可以同时产生出激动传导的抑制。让我们牢记这一点（这是了解抑制理论的关键所在）：在第二系统抑制某一观念自身具有的痛苦感的时候，它才会把潜能转移给这一观念。任何一个摆脱抑制的观念都不能接近第一系统和第二系统。由于痛苦原则，它会被尽快删除掉。这种痛苦的抑制不一定非要执行到底，但它必须有一个开头。这样就能向第二系统发出讯号，让第二系统知道这种记忆的性质以及检验这种记忆是否符合当前思想过程。

我用“原本步骤”来称呼第一系统里所进行的精神过程（步骤），而“续发步骤”则是指第二系统所发生的过程。我还可以对此问题作出解释——续发步骤为何要对原本步骤进行修改？原本步骤极力希望激动的传导得以产生，因为通过由此积累起来的激动它就可以创建一种“知觉等同性”。但是，续发步骤并没有采用这种方法，而是用另一种方法来代替它——建立起“思想等同性”。一切的思想都是经由某个满足的记忆（被当作是一种有目的观念的记忆），历经曲折后企图通过运动经验的媒介再次达到同一记忆的同等潜能。其中所进行的思考与关注的问题是各观念的相互关系和达成妥协的产物，同时这些也都是达到等同目标的阻碍物。它们一旦用某一观念取代了另一观念，就会把原先那个通往第一观念的通道扭曲。所以类似的步骤都是续发性思考所尽力回避的。我们不难看出，痛苦原则尽管在某些方面给思想步骤提供了很多重要的目标，但在“思想等同”创建的时候却是一大障碍。因此，思想步骤必须要从痛苦原则的限制中挣脱出来，同时也把思想中情感的发展减至最低限度，并使它刚好能够产生出信号。在意识的援助下获得过剩的潜能之后，思考才可以达到这种具有精巧能力的境界。我们知道在正常的精神生活里，这种境界很难实现，我们的思考仍然会由于痛苦原则而常产生错误。

当我们把精神机制里的一个精神过程称之为“原本步骤”的时候，我并不只是考虑到它的重要性与效率性。这个名称还表示出发生时间上的先后顺序。根据我们的了解，没有任何一个精神机制是单一具备原本步骤的，如果有这种机制无非只是理论上的虚构。但如下的观点可以成为事实：精神机制里原本步骤最先出现，续发步骤是在生命的进程里渐渐形成，并抑制和遮掩了原本步骤。但要想完全控制它，大概要到壮年的时期。续发步骤的出现是非常缓慢的，所以我们那些由潜意识愿望冲动所构成的核心仍然是前意识不能达到、认识或是抑制的。但前意识具有一经决定就无法变更的这样的限制，从而成了传导潜意识愿望冲动的最佳途径。这些潜意识愿望会对前意识的精神倾向强行施压，使后者不得不顺服。有时前意识的精神倾向也会尽量把这种潜意识力量分开，并将其引向更高层次的目标。续发步骤缓慢出现的另一个结果，就是使相当部分的记忆材料无法得到前意识的潜能。

在那些源于儿时的没有被销毁或是受到压制的愿望冲动里，有一些愿望的实现会与续发性思考的"目的性观念"产生冲突。这样的愿望的实现不会带来愉悦的情感，相反，它是痛苦的。这种变换的情感正是我们所说的"抑制"的本质。我们只需认识到这种变换产生于发展的过程里——我们只要回忆一下儿时本来并不存在的厌恶感是怎样发展起来的——就明白它是与续发步骤的行为相关的。那些用来释放潜意识情感的记忆，是不会接近前意识的。依靠这些记忆的情感释放是不会受到抑制的。由此看来，就算把附着其上的愿望能量移交给前意识思想，该情感的起源问题也使前意识无法与它接近。相反，痛苦原则却控制着全局，从而使前意识远离这些发生了转移的思想。这些思想都被摈弃了，很多儿时的记忆从起初就被前意识疏远阻止了，这就是抑制的必然情形。

最为理想的情况是，痛苦的情感正好存在于前意识里。因为思想的转移在失去潜能之后，痛苦就不再产生了。这个结果表明，痛苦原则的参与是有一定作用的。但受到抑制的潜意识愿望被器质性地加强后再移植给那些被转移的思想，结果就大不相同了。在这种情况里，前意识的潜能就算全都消耗了，这种转移能量所形成的激动仍然有助于这些思想的突围，因此就产生了一种防御性的抵抗。因为前意识加强了其抵抗抑制思想的能力，即产生了"反潜能"，这些被转移的思想作为潜意识的思想工具就必须通过症状形成的妥协方式来突破。如果这种抑制思想得到了潜意识思想的大力支援，同时也被前意识的潜能所摈弃，它们就会被原本步骤控制，其目的就造成了运动行为的发生。可能的话，也许会使知觉等同所造成了幻觉式的出现。上述不合情理的步骤只能在抑制的思想里产生，这一点我们大概都有所认识。我们可以更深入的探讨，那些在精神机制里形成的不合理步骤正是基本的步骤。只要前意识摈弃其观念并让它自生自灭，另外也被那些竭尽全力想要突破潜意识里的不受压制的能量所转移，就可以形成这种不合理的步骤。其他的观察也可以证实这一点——所谓的不合理并非指正常步骤的错误（即所说的“理智错误”）。它是由抑制解放出来的精神机制的一种活动形式。我们注意到从前意识激动到活动的转移也是相同的过程，而且前意识思想和文字之间的相互联结也会出现同样的转移和混杂。最后，如果想让这些原始形式的功能受到抑制，就需要更多的能量（工作）。这是因为我们让这些力量到达了意识里，之后会产生一种滑稽（某些只有通过笑声而释放的过剩能量）的结果。

梦的解析是认识心灵前意识活动的光明大道。通过梦的解析，我们可以掌握这种神秘奇特的构架。这只是向前迈出了很小的一步，但它毕竟是一个起始，通过这个起始我们可以进行更深入的分析（或许是建立在其他那些我们所谓的“病态”构架之上的）。而那些我们可以明确地称之为“功能性的疾病”，并不是指这些机制的瓦解或是内部形成了新的分裂。在动力学的基础上，我们可以对它们作出解释，即在多种力量的互相作用下，某些部分被增强，某些被减弱。因此在正常的机能里仍有很多无法被发现的活动。我希望在别的地方能对这由两种机构复合而成的精神机制作出解释，这样会比只讲解其中一个更精确一些。

第六节 意识和潜意识——现实

当提及“我们的”潜意识的时候，我是有目的的。因为我要论述的潜意识不同于其他哲学家所讲的潜意识。他们认为这个词只是指“意识”的反义词，为了这个结论——除了意识过程一定还有潜意识的精神过程——他们付出了极高的精力和热情并相互攻击。我们把关于梦和癔症形成的各种现象集中起来并不是为了说明这个结论，因为在清醒状态下只要对生活稍加观察即可证明它的正确性。从精神病理学的构造和对梦的分析中，我们获得这么一个新的发现：潜意识也叫精神现象，它是两个不同系统的功能复合，正常人和患者都是如此。有两种潜意识存在，可心理学家对此未进行辨识。从心理学的角度来看，它们都是潜意识的。在我看来，它们其中一个是无法到达意识层的，我们称之为“潜意识”；而另一个则称为“前意识”，由于它的激动——按照某些程序或是在审查作用的考察之后——是可以到达意识层的。这些激动在到达意识层之前，必须经由一系列固定不变的机制（从审查作用所产生的变化可以看出它们的存在）。这一实际情况可以使我们用一种空间的类比来对它们进行描绘。前文已讲述了这两个系统之间的关系，也就是前意识像一面筛子一样存在于潜意识和意识之间。前意识不仅阻隔了潜意识与意识之间的通路，而且还控制着随意行为的力量，对那些能够变化的潜能作出调整和分布。其中所谓的“注意力”的部分是我们十分熟悉的。

我们还要区分在最近的文献中很流行的超意识和下意识之间的差异，它可以强调出精神与意识之间的相同性。

那么，意识所遗留下来的东西又是什么呢？（它曾经控制着一切，同时又遮掩着一切。）它只是用来感知精神性质的感官而已，我们可以把意识感觉当成特殊系统的一种功能，所以意识的缩写“C”十分恰当。从其物理性质来看，我认为这个系统与知觉系统 p 非常相仿，因为它可以接受任何性质的刺激，却无法留存转变的痕迹，也就是无法记忆。对意识的感觉器官而言，用依靠知觉系统的感觉器官来指向外界的精神机制，本身就是一种外界，而意识之所以存在的原因就是要依靠这种关系。这里我们再次提出这些机制——它们好像统治着精神机制的构架——构成了统治阶层的规则。激动的材料则可以通过两种方式通向意识的感觉器官。第一种源自感觉系统，它的激动由刺激的性质来决定。在其变为意识感觉之前，或许会受到新的修饰。第二种源自精神机制的内部，它们在经过某些改变之后进入意识，而它们的定量程序是以快乐和痛苦来感觉的。

某些理智和非常复杂的思想构成并不需要经由意识就可以产生。哲学家对此感到疑惑，不明白意识究竟具有怎样的功能。他们认为，意识无非是全部精神步骤所剩余的镜像。但我们可以凭借意识系统和知觉系统来避免这样的尴尬。我们都了解，感觉器官的知觉把注意力的潜能集中在那些传导感觉刺激的输入通道中。知觉系统里各种不同性质的刺激可以作为精神机制运动量的协调物。我们也可以这样认为：意识系统里感觉器官也具备同样的功能。通过对愉悦和痛苦的观察，它可以影响到精神机制里潜能的途径，否则该途径只能依靠潜意识的转移而运动。痛苦原则很可能是对潜能转移进行调节的第一因素，具有这些性质的意识则很可能导致第二种更为微妙的调节方式。它甚至可以反对第一种调节方式。为使机制的功能更加完备，第二种调节方式可以违背最初的计划，指引并克制那些可能产生痛苦的联想。从心理病患者的心理来看，我们发现具有不同性质刺激的感觉器官所引发的调节过程，在精神机制的功能里占有重大比重。起初的痛苦原则的自行控制以及它对功能活动的有效制约，同样被自动的感觉调节所中断。我们发现抑制（在起初有效，后来还是失去了压制力量和心灵控制）对记忆的影响要比知觉对记忆的影响大，原因是它无法从精神的感觉器官里获得更多的潜能。我们知道某个被删掉的思想由于受到抑制而不能成为意识。另外，有时这些思想被抑制是由于别的理由退出了意识知觉。下面我将提出一些医学领域里解除潜意识结症的有效程序。

意识的感觉器官对那些在量上可以转变的潜能的调节，可以造成过度的潜能。可以这样解释，即形成了一些新的量，引起了一些新的调节。而这也正是人比动物高级的缘由。思想过程本身，除了伴随着愉悦或痛苦的激动外，并没有其他的任何性质。由于它们可以扰乱思想，我们必须采取某些措施对其加以限制。从人类的角度来说，为了使思想过程更具有性质，它们必须与文字记忆发生关联——这种性质的过剩产物足够引起意识的注意，给思想过程赋予了一种新鲜灵便的潜能。

要想了解意识的多重性，我们只有对癔症的思想过程进行分析。由此获得的印象是，前意识潜能在转移为意识的时候，也存在着一种审查作用。它与前意识与潜意识之间的审查作用非常相似①。这个审查作用同样也会在超越了某个定量的限制后才会发挥作用。所以，那

① 前意识与潜意识之间的审查作用，很少在弗洛伊德后期的著作里出现。在他的《潜意识》一文中给予了详尽的论述。

些能量低的思想构造就很可能不受它的控制。我们可以在心理病症状中发现很多不同的范例。这些例子表明某个思想无法进入意识的体现，以及在某些限制下又为何能够强制地进入到意识里。这些例子还可以表明审查作用与意识之间的密切而又彼此冲突的联系。

如果有人问：对梦的研究有什么生理上的价值呢？我会这样回答：它会对心理学知识作出贡献，通过它可以更加深入地了解心理病症问题。关于透彻了解有关精神机制的结构和功能的问题，谁能够预测出它的重要意义呢？即使是在我们对它的了解并不完全的今天，我们仍可以利用它来治疗心理病症，也获取了非常好的治疗效果。我听过有人提出这样的问题：把梦的研究作为一种工具来了解心灵和每个人的潜在性格，具有何种实际意义？梦里所显示的潜意识冲动是否可以把生活里真实力量的重要性表现出来？对于那些被抑制的愿望里的道德意义，我们是否不应给予重视？它们既然此时创造了梦，那么日后还会创造出别的什么东西吗？这些问题我无法作答，因为我并未对这一方面的梦的问题作过透彻的研究。至于潜意识的愿望是否能够变成事实，我也不敢保证。可以肯定的是，那些中间的以及转移的思想肯定不是事实。如果潜意识以最为真实的基本形式呈现在我们面前，我们就可以毫不犹豫地断定，精神的事实也存在着一种特殊形式，不可以把它们与物质上的事实相互混淆。所以，人们无法接受梦里的不道德行为，这似乎是没有必要的。当我们了解了精神机制的功能和意识与潜意识之间的联系后，梦里出现的不道德部分和幻想生活中的绝大部分都会渐趋消失。

如果要对某个人的性格作出判断，最重要的参考标准就是他的行为和表达出来的实际意见，其中行为是首要的。有很多已经进入意识的冲动，在其还没有产生行为之前，就会被精神生活里的一种真正力量中和。实际上，这些冲动，在前行的时候，通常是不会受到阻碍的。其原因正在于潜意识早已断定，它们在某个阶段将被删除掉。不管怎样，在这些由于我们的美德而自豪生存着的、被细致地耕耘过的土地上学习，总是有所裨益的。人类的性格是极其复杂的，它们被各种动力推向四面八方，这与古代的道德哲学里所说的简单二分法是毫不相似的。

梦是否可以预示未来？这个问题根本不成立，与其这样问，还不如说是梦能够给我们提供过去的经历。不管从哪个角度来说，梦都是来源于过去。古人们总是认为梦是可以预示未来的，这也并非一定是谬论。那些通过愿望的实现来表现的梦，总是预示着我们期待的未来，但这个未来（而梦者所梦到的是现在）却被那些不能销毁的愿望塑造成过去的一个镜像。